Parasitinsekten der Blattminierer Europas

gesammelt und gesichtet
durch

Dr. L. Fulmek

Wien

Springer-Science+Business Media, B.V.

1962

ISBN 978-94-010-3653-5 ISBN 978-94-010-3652-8 (eBook)
DOI 10.1007/978-94-010-3652-8

N.V. Drukkerij Hooiberg, Epe

Im Gedenken

Meinem Sohn

ERNST

cand. chem.

† 6. 2. 1959

INHALT

VORWORT

Angeregt durch E. M. Hering: „*Bestimmungstabellen der Blattminen von Europa, einschliesslich des Mittelmeerbeckens und der Kanarischen Inseln*", 3 Bde. (1185 + 221 Seiten)., Verl. Dr. W. Junk, 's Gravenhage 1957 — hat der Verf. versucht, aus seinem im Manuskript vorliegenden „*Welt-Wirte-Index der Parasitinsekten von Insekten*" die in der Fachliteratur angeführten Parasiten der heimischen Blattminierer im Auszug herauszustellen in der Absicht, auf die Möglichkeiten einer engeren Bindung des Parasitenbesatzes auf die unterschiedlichen Ordnungen, Familien und Gattungen der Blattminierer hinzuweisen. Bei unsrer gegenwärtig noch unzulänglichen Kenntnis der Sachlage kann dieser Bezugnahme eine nur vorläufige und höchst unterschiedliche Bewertung beigemessen werden, sowie sie eigentlich nur in wenigen Einzelfällen als sicher begründete Erkenntnis angesprochen werden kann. Immerhin erscheint dadurch auch in Angelegenheit der Parasitenbestimmung einigermassen richtungweisend vorgearbeitet und für die erforderliche Kritik der allfällige Ansatz gegeben zu sein. — Andrerseits soll hiemit den Blattminenzüchtern die Anregung gegeben werden, künftighin auch dem erscheinenden Parasitenmaterial in ihren Zuchten mehr Beachtung zu widmen und nach Konservierung von Belegmaterial unter Angabe von Schlüpfdaten, genauer Herkunft, sowie zuverlässiger Wirtsbestimmungen, dieses entweder durch Weiterleiten an die einschlägigen Spezialisten oder durch Hinterlegung in Musealsammlungen einer weiteren Auswertung zugänglich zu machen und so einen wertvollen Beitrag zur Erweiterung unsrer Kenntnisse über die Parasitinsekten der Blattminierer sicherzustellen; denn genau so, wie noch manche Fragen über die Blattminierer selbst durch Eigenzuchten der Klärung bedürfen, sind auch durch die Beobachtung ihres Parasitenbesatzes in Hinkunft gewiss noch viele wertvolle Aufschlüsse unsrer Erkenntnisse zu erwarten. Jedermann der an der Exaktheit der Naturbeobachtung seine Freude findet, kann gerade in vorliegenden Belangen Dank und Anerkennung der Fachwelt erwerben.

Blattminen in ihrer reichen Formenmannigfaltigkeit sind seit jeher ein reizvolles Objekt der Naturbetrachtung; mitunter von so charakteristischer Gestalt und an bestimmte Pflanzenarten gebunden, erlaubt schon das Blattminenbild allein auf die Art des Minierers oft zu schliessen, andernteils sind Blattminen mitunter einander wieder so ähnlich, dass nur durch genaueste Untersuchung bzw. durch Aufzucht des Erregers ihre zuverlässige Artunterscheidung gelingt.

Als Erzeuger von Blattminen kommen allein die Larvenformen von nur vier Insektenordnungen — nämlich **Coleoptera, Diptera, Hymenoptera** und **Lepidoptera** — in Betracht; ihre Beteiligung nach der unterschiedlichen Artenzahl ist in fallender Reihung am grössten bei den Lepidopteren, am kleinsten bei den Hymenopteren, während die Dipteren — nach den Lepidopteren — die Coleopteren an Artenzahl noch weitaus übertreffen.

Als Biotop bilden die Blattminierer eine annähernd so eindeutig umgrenzte Gruppe, dass ihr Parasitenbesatz gleichfalls eine enger beschränkte Beteiligung der Parasitinsekten vermuten lässt (was nachstehend noch ausführlicher erörtert werden soll). Bei näherer Betrachtung allerdings finden sich die Blattminierer, vor allem bei den Lepidoptera in recht verschiedenem Ausmass an die Art des *Blattminierens* (Ausweiden des Blattfleisches zwischen den beiden erhaltenen Blatthäuten der Blattober-u.-unterseite) örtlich und zeitlich gebunden, sodass auch bezüglich Art und Umfang des Parasitenanfalles noch weitere Unterschiede, wie folgt, sich ergeben:

a) Blattminierer im Innern des Blattes während der ganzen Larvendauer (vom Ausschlüpfen aus dem Ei bis zur Verpuppung — letztere im Blattinnern oder ausserhalb = Volldauer-Blattminierer; b) Blattminierer nur in der ersten Jugendzeit, späterhin ausserhalb, frei fressend, einzeln oder vergesellschaftet, bzw. im Schutz von Blattrollen, Gespinströhren, Blattausschnitten oder innerhalb nestartiger grösserer Gespinstschleier, c) Blattminierer von aussen her — ohne Daueraufenthalt des Minierers im Blattinnern (z.B. *Coleophora*) d) Übergang des Blattminierers aus der Blattfläche in die Blattmittelrippe, in den Blattstiel, in Stengel, Mark, Rinde etc. (Übergang zum „Bohrer"). — Daraus ergibt sich klar auch eine Verschiedenartigkeit in der Parasitenauslese, sowie auch bezüglich Zeit und Möglichkeit des Parasitenanfalles.

Vorliegende Zusammenstellung soll das Augenmerk hauptsächlich auf den Parasitenbesatz der sub a) gekennzeichneten Blattminierer (Volldauer-Blattminierer) beschränken, der lediglich durch Braconidae, Chalcididae, Cynipidae, Ichneumonidae u. Proc-

TOTRUPIDAE gestellt wird, während die wenigen parasitischen Diptera (TACHINIDAE) wohl nur bei den Minierern ausserhalb der Blattfläche in Erscheinung treten. Im Gegensatz hierzu sind die unter b), c) u. d) gekennzeichneten Minierer in den Wirtslisten durch schräg (*cursiv*) gedruckte Wirtenummern bzw. besonders bezeichnet.

Im Anschluss der 4 Wirtslisten (**C, D, H, L**) folgt jeweils die Parasitenstatistik (Artenvielfalt der Parasitengenera, Wirtevielfalt der Parasiten, sowie die Kennzeichnung der engeren Beziehung der angeführten Parasiten zu bestimmten Wirten, -gruppen und -familien der 4 Wirtsordines — C, D, H, L — im einzelnen; Herausstellung der Hyperparasiten, sowie der Vertreter mit der grössten Parasitenvielfalt). — Ein Gesamtindex aller Parasiten, gemeinsam für alle 4 Wirtsordnungen ermöglicht schliesslich die ausführliche Erörterung der Vergleichsergebnisse hinsichtlich der gesondert bzw. gemeinsam bei den 4 Ordnungen (C, D, H, L) der Blattminierer nachgewiesenen Parasitinsekten und ergibt so die abschliessende Beurteilung, inwieweit der angeführte Parasitenbesatz mit seinen wichtigsten Arten tatsächlich für die angeführte Auswahl der in Europa heimischen Blattminierer kennzeichnend und gebunden erscheint. — Der Gebietsumfang konzentriert sich — obgleich nach dem Vorgang von Hering (in seinem Blattminenwerk) auf ganz Europa, einschliesslich Grossbritannien (jedoch mit Ausschluss der Kanarischen Inseln) sich erstreckend — immerhin auf Mitteleuropa, da Parasitangaben ausserhalb dieses Bereiches in der Literatur nur höchst spärlich vorhanden sind.

Die Patriaangaben hinter den Parasitennamen sind, nur soferne aus den angezogenen Literaturstellen ersichtlich, angeführt; dort, wo sie fehlen, ist der Umfang auf Europa + Grossbritannien bzw. Paläarkten sinngemäss anzunehmen. Die Hyperparasiten (hyper) sind, soweit bekannt, durch Sperrdruck in den Parasitenlisten hervorgehoben. — Die Nomenklatur der Blattminierer ist nach den Angaben von Hering wiedergegeben. Die Namen der Parasiten — aus der angezogenen Literatur — sind, insoweit sie nach gegenwärtiger Auffassung als Synonyma gelten, hinter der jetzt giltigen Benennung in Klammern ( ) angeführt.

Die Literaturangaben am Schluss der Abhandlung beinhalten nur eine Auslese der bedeutsamsten Kompilationen und sind im Text der Parasitenlisten durch beigedruckte Abkürzungen (wie z.B. Bri., Leon., M-RSm., Rond., SE, SR, Wagn.) vermerkt. In Klammern ( ) gesetzte Personennamen beziehen sich entweder auf den Züchter oder Determinator als Gewährsmann.

ZEICHENERKLÄRUNG:

B = Braconidae
Ch = Chalcididae
Cy = Cynipidae
D = Diptera
I = Ichneumonidae
P = Proctotrupidae
V = Vespoidea (Bethylidae)
Boku = Wien, Hochschule für Bodenkultur (Sammlung)
ERROR! = Irrtum
fals. = fälschlich
hyper = Hyperparasit (im Sperrdruck), Parasit 2. Ordnung, hat den Parasiten getötet!
indet. = nicht näher bestimmt
mis. = Fehlbestimmung
Parasit = anstelle des Blattminierers ausschlüpfendes Insekt.
sive = oder
Wirt = Blattminierer vom Parasiten befallen
Wirtenummer *cursiv* (Schrägdruck) kein Volldauer-Blattminierer!
o = keine erkennbar festere Bindung an bestimmte Wirtsgruppe
> = grösser als das dahinter Folgende
< = kleiner als das dahinter Folgende

Der Wirte-reihe Anteil I

COLEOPTERA

COLEOPTERA

4 Fam. — 17 genera — 35 spp.

Übersicht:[1])

a) Vielfalt der

Genera	Fam.	Wirte-nummern
10	Curculionidae	1—11, 14, 17, 18, 20—29, 31
5	Chrysomelidae	12, 13, 15, 19, 30, 35
1	Buprestidae	32—34
1	Cerambycidae	16

b) Vielfalt der

Arten (spp.)	Genus	Wirte-nummern
9	— Rhynchaenus—Curc.	21—29
6	— Ceutorrhynchus—Curc.	3—8
3	— Trachys—Bupr.	32—34
2	— Lixus—Curc.	10—11
	— Mantura—Chrys.	12—13
	— Phytonomus—Curc.	17—18
1	— Apion—Curc.	1
	— Brachonyx—Curc.	2
	— Hypurus—Curc.	9
	— Merhynchites—Curc.	14
	— Phyllotreta-Chrys.	15
	— Phytoecia—Ceramb.	16
	— Psylliodes—Chrys.	19
	— Rhamphus—Curc.	20
	— Sphaeroderma—Chrys.	30
	— Stenocarus—Curc.	31
	— Zeugophora—Chrys.	35

[1]) betrifft lediglich die als Wirte parasitierten Arten

COLEOPTERA. Wirtsliste mit Parasiten.

1. Apion damryi Debr.—Curculionid. (in der Blattmittelrippe)

B: Triaspis sp.—Ital

Ch: Pteromalus sp.—Ital

2. Brachonyx pineti Payk. (Curculio indigena)—Curculionid.

Ch: Entedon vaginulae Rtzbg. (Pteromalus)—Germ
Eupelmella vesicularis Retz. (Eupelmus degeeri Dalm.)—Germ
Eupelmus urozonus Dalm.—Norwegen
Eurytoma curculionum Mayr—Norwegen
Pteromalus troglodytes D.T. (nanus Rtzbg.)—Germ
Trichomalus helvipes Walk.—Norwegen

I: Pimpla examinator F.—
Scambus (Pimpla) sagax Htg.—

P: Calliceras (Ceraphron, Hadroceras) vitripennis Rtzbg.—Germ—
a. Pinus-nadeln
+ Thecodiplosis brachyntera (Itonidid.)

3. Ceutorrhynchus contractum Marsh.—Curculionid.

Ch: Trichomalus herbidus Walk. (fasciatus Thn.)—Germ

4. Ceutorrhynchus napi Gyll. (im Stengel)

D: Phaonia trimaculata Bché.—Helvetia—*Räuber*

Ch: Trichomalus fulgidus Frst.—Gall
— herbidus Walk. (fasciatus Thn.)—Germ

I: Tersilochus gibbus Hgn.—Germ (Hamburg), Helvetia
— (Porizon) moderator Hgn.—Gall, Germ
— sp.—Germ, Helvetia

5. Ceutorrhynchus picitarsis Gyll. (im Blattstiel)

B: Triaspis sbg. Schizoprymnus obscurus Nees—Germ
(Sigalphus obscurellus)

6. Ceutorrhynchus quadridens Panz. (Stengelbohrer in Blattstiel u.—mittelrippe)

D: Phaonia trimaculata Bché.—Helvetia—*Räuber*

B: Bracon (Glabrobracon) discoideus Wesm.—Russl
Diospilus affinis Walk.—Gall
Microctonus (Perilitus) melanopus Rthe.—Germ

I: Horogenes (Angitia) fenestralis Hgn.—Russl
Tersilochus melanogaster Thn.—Helvetia
— triangularis Grv.—Gall

7. Ceutorrhynchus rapae Panz. (in Blattstiel u. Stengel)

B: Diospilus oleraceus Hal.—Gall, Germ
Eubadizon (Sigalphus) pallipes Nees—Gall

7a. Ceutorrhynchus spp.

B: Bracon (Lucobracon) immutator Nees—(Rondani)
Diospilus oleraceus Hal.—Germ
Eubadizon palli(di)pes Nees—Gall
(Sigalphus, Triaspis pallidipes)
Microctonus melanopus Rthe.—

Ch: Trichomalus herbidus Walk. (fasciatus Thn.)—

I: Nemeritis macrocentra Grv. (Campoplex gracilis Rtzbg.)—Germ, Suec

8. Ceutorrhynchus sulcicollis Payk. (cyanipennis Germ.) (in Blattmittelrippe u. Stengelmark)

B: Alysia truncator Nees—Brit, Gall, Germ
Bracon (Lucobracon) immutator Nees—Rondani, Leon.
Diospilus (Taphaeus) affinis Wesm.—Gall
— oleraceus Hal.—Brit, Gall, Germ
(Taphaeus conformis Wesm.)
Eubadizon (Triaspis) pallipes (pallidipes)—Brit, Germ, Russl
Macrocentrus (Rogas) marginator Nees—Rond.—Leon.
Triaspis (Sigalphus) floricola Wesm.—Brit
— sbg. Schizoprymnus obscurus Nees—Brit, Gall, Germ
(Sigalphus obscurellus Nees)
— pallidus Nees—Ungarn (Györfi)

I: Tersilochus caudatus Hgn. (?moderator Rtzbg.)—Gall, Germ—?hyper v. Diospilus
— triangularis Grv.—Gall

9. Hypurus bertrandi Perr. (portulaccae Hust.)—Curculionid.

B: Diospilus oleraceus Hal.—Gall
Eubadizon (Triaspis) pallipes Nees—Gall

Ch: Hemiptarsenus ruficollis Walk.—Gall
Necremnus leucarthros Thn.—Gall
Pnigalio (Eulophus) pectinicornis L.—Gall

I: Tersilochus moderator L.—Gall

10. Lixus junci Boh.—Curculionid. (im Blattstiel)

D: Nyctia halterata—Panz.—Ital
?Psilopa nitidula Fall. sive compta Mg.—Marokko—commensal
Zeuxia cinerea Mg.—Ital, Marokko
— nigripes Mcq.—Marokko

B: Bracon sbg. Striobracon (Microbracon) intercessor Nees —Ital,Marokko
— — intercessor var. elegans Szepl.—Europ
Glyptomorpha (Vipio) castrator F.—Ital.

Ch: Eurytoma curculionum Mayr—Ital, Marokko
— spp.—Ital.
— tristis Mayr—Ital, Marokko
Habrocytus lixi Sarr.—Ital, Marokko
Norbanus (Arthrolytus) scabriculus Nees—Ital
(Picroscytus)
Perilampus aeneus Rossi (italicus F.)—ČSR, Ital

Picroscytoideus cerasiops Masi—Ital, Marokko—?hyper v. Microbracon intercessor oder v. Eurytoma

I: Anilasta sp.—Marokko
Ephialtes (Pimpla) roborator F.—Ital

11. Lixus scabricollis Boh. (scobricollis, strobicollis) (im Blattstiel)

B: Bracon rabaudi Pic.—Gall
— sp.—Gall
Braconidae indet.—Gall
Bracon (Microbracon), sbg. Striobracon intercessor Nees—Ital, Marokko

Ch: Habrocytus lixi Sarr.—Ital, Marokko
Hockeria unicolor Walk.—Ital
Picroscytoideus cerasiops Masi—Marokko
Systole sp.—Ital

12. Mantura chrysanthemi Koch—Chrysomelid.

Chalcidid. idet.—Dania (Sönderup)

13. Mantura pallidicornis Waltl. (obtusata Gyll.)

Ch: Necremnus leucarthros Thn.—Dania

14. Merhynchites pauxillus Germ (Coenorrhinus, Rhynchites)—Curculionid.

B: Bracon sbg. Glabrobracon (Microbracon) discoideus Wesm.—Russl

Ch: Eupelmus annulatus Nees—Russl—hyper
Habrocytus eucerus Rtzbg. (microgastris Kurdj., poecilopus Cwfd.)—Russl—hyper
Pteromalus sp.—Russl

15. Phyllotreta nemorum L. — Chrysomelid—Halticid.

B: Diospilus morosus Reinh.—Brit, Russl
Microctonus (Perilitus) aethiops Nees—Brit

Ch: Eulophus sp.—Russl

16. Phytoecia cylindrica L.—Cerambycid. (in Stengelrinde u.—mark)

I: Phaenolobus saltans Grv.—Ital

17. Phytonomus nigrirostris F (Hypera) — Curculionid. — (? ob Blattminierer)

B: Microctonus (Perilitus) aethiops Nees—Schleswig-Holstein

I: Gelis comes Frst. (Pezomachus ruficornis Thbg.)—Schleswig-Holstein (— transfuga Frst.)

18. Phytonomus rumicis L. (Hypera)

Ch: Eulophus larvarum L. (Comedo ramicornis F.)—Gall
?Eulophus phytonomi Rond.—Rond.—Leon.
Necremnus leucarthros Thn.—Germ (Hedwig) (Phytonomus arator)

I: Eriplanus (Hemiteles) micator Grv.—Germ
(Cryptus rufulus Gmel.)
(Phygadeuon)
Itoplectis (Pimpla) maculator F.—Polen
Mesochorus nigripes Rtzbg.—Germ

19. Psylliodes chrysocephala L. — Chrysomelid. (in Blattmittelrippe u. Stengel)

B: Diospilus capito Nees—Germ: Holstein
— sp. vic. capito Nees—Gall
— morosus Reinh.—Gall, Germ
— sp.—Gall
Eubadizon coxalis Nees—Gall
Perilitus sp.—Belg, Germ

I: Temelucha (Cremastus) carinifera, Thn.—Gall, Germ: Holstein
Tersilochus sp.—Gall

20. Ramphus pulicarius Hbst. (flavicornis) — Curculionid.

Ch: Atoposomoidea (Cirrospilus) vittatus Walk.—Brit, Germ, Suec
Eunotus cretaceus Walk.—Austria: NOesterr., Brit, Gall, Germ

21. Rhynchaenus alni L. (Orchestes) — Curculionid.

B: Eubadizon (Triaspis) palli(di)pes Nees—Brit, Germ
Triaspis (Sigalphus) caudatus Nees

Ch: Atoposomoidea (Cirrospilus) pictus Nees—Brit
Chrysocharis orchestis Rtzbg.—Brit
Entedon divitiacus Gour. (?dimidiatus Gour.)—Gall
Eulophus (Pnigalio) cruciatus Rtzbg.—Brit
— teutomatus Gour.—Rond.—Leon.
Pleurotropis sp.—Brit
Pteromalus daimenes Walk.—Gall
— dunnaeus Gour. (dunnacus)—Rond.—Leon.
Spartiophilus (Pteleophilus) orchesticida Rond.—Ital
Tetrastichus cyclogaster var. obscurata Ruschka—Brit
— orchestis Frst.—Gall
— (Geniocerus) sp.—Brit
Trichomalus diachymatis Rtzbg. (orchestis)—Gall
(Pteromalus reconditus Frst.)
— inscitus Walk.—Brit

I: Ephialtes (Epiurus, Pimpla) calobatus Grv.—Europ (Fahringer)

21a. Rhynchaenus alni L. scutellaris F. (testaceus Müll., Orchestes leucaspis)

B: Triaspis pallidus Nees—Ungarn (Györfi)
Ch: Elachertus (Pleurotropis) obscuripes Rtzbg.—Russl
Ophioneurus signatus Rtzbg.—
Poropoea stollwerkii Frst. (Ophioneurus simplex Rtzbg.)—
Tetrastichus cyclogaster Rtzbg. var. obscurata Ruschka—Suec
— pospjelovi Kurdj.—Suec
Trichogramma evanescens Westw.—Germ, Turkestan
Trichomalus diachymatis Rtzbg.—Russl, Suec
I: Ephialtes (Scambus, Pimpla) nucum Rtzbg.—Dania (Sönderup)

22. Rhynchaenus fagi L. (Curculio, Orchestes)

D: Itonididae inquilin.—Germ (Einmieter!)
B: Brachistes xanthops Rtzbg.—Rondani
Calyptus minutus Rtzbg. (Brachistes)—Germ. Russl
Colastes braconius Hal. (Exothecus debilis Wesm.)—Belg, Brit, Gall, Germ
Eubadizon pallipes Ness (pallidipes)—Belg, Brit, Gall, Germ, Russl (Brachistes fagi Rtzbg., Sigalphus, Triaspis)
?Opius straminator Gour. (undeutbar)—Gall, Ital
Triaspis (Sigalphus) caudatus Nees—Germ
— pallidus Nees—Ungarn (Györfi)
Ch: Atoposomoidea (Cirrospilus) vittatus Walk.—Brit, Germ. Suec (Entedon, lineatus Frst., Eulophus)
Chrysocharis (Entedon) orchestis Rtzbg.—Germ, Russl
Cirrospilus elegantissimus Westw.—Germ (Entedon flavomaculatus Rtzbg.)
Entedon distinctus Gour.—Gall
— luteipes Rtzbg.—Germ
Epilampsis (Chrysocharis) boops (Thn.) Del.—Suec.—
Elachertus (Pleurotropis) obscuripes Rtzbg.—Russl-hyper v. Calyptus minutus u. Sigalphus fagi
Eulophus (Pteromalus) cruciatus Rtzbg.—Germ (Curculio)
Habrocytus metallifemur Buck.—Russl-hyper v. Calyptus minutus u. Sigalphus fagi
Ophioneurus signatus Rtzbg.—
Pnigalio longulus Zett. (Eulophus)—Suec
— pectinicornis L. (?pilicornis Rtzbg., viduus Rtzbg.)—Germ, Suec
Poropoea stollwerkii Frst. (Ophioneurus simplex Rtzbg.)—
Pteromalus timidus D.T. (lepidus Rtzbg., Eulophus)—Germ (Curculio)
Sympiesis sbg. Teleogmus xanthostoma Nees (Entedon)—Germ
Tetrastichus cyclogaster Rtzbg. (Geniocerus)—Russl, Suec
— orchestidis Buk. (Geniocerus, Chrysocharis)—Germ, Russl-(Entedon? orchestis Rtzbg.)—hyper v. Calyptus minutus u. Trichomalus diachymatis
— xanthops Nees (xanthopus, Entedon)—Germ, Suec
Tomicobia (Ipocoelius) rotundiventris Ruschka-Austria
Trichomalus diachymatis Rtzbg.—Russl (Pteromalus orchestis Rtzbg.)

— inscitus Walk. (Tetrastichus)—Helvetia
Chalcididae indet.—Germ
I: Scambus (Pimpla) detritus Hgn.—Germ
— (Ephialtes) sagax Htg.—Germ

23. Rhynchaenus pilosus Fb. (ilicis, Orchestes)

Ch: Eulophus larvarum L.—Europ: Germ
(Comedo, Cratotechus, Eulophus fumatus Rtzbg.)
Habrocytus tenuicornis Frst.—Gall, Germ
(Pteromalus jouanensis Rtzbg.)
Ophioneurus signatus Rtzbg.—
Pnigalio (Eulophus) pectinicornis L. (?dendricornis Rtzbg.)—Gall
Poropoea stollwerkii Frst. (Ophioneurus simplex Rtzbg.)—
Tetrastichus medianus Rtzbg.—(Entedon)—Gall, Germ

24. Rhynchaenus populi L.

B: Bracon sbg. Glabrobracon discoideus Wesm.—(Rondani)
Ch: Atoposomoidea (Cirrospilus) pictus Nees—Germ
Chrysocharis sp.—Austria (Boku), Dania
Closterocerus trifasciatus Westw.—Europ
Epilampsis tadici Del.—Europ

25. Rhynchaenus quercus L. (Curculio, Orchestes viminalis)

B: Apanteles (Microgaster) breviventris Rtzbg.—Germ
— weitenweberi Am.—Böhmen, Germ
Calyptus minimus Rtzbg.—Germ
— minutus Rtzbg.—Russl
Eubadizon orchestidis Rond.—Ital
— palli(di)pes Nees (Triaspis fagi Rtzbg.)—Brit, Russl
— semirugosus Nees (Allodorus, Sigalphus)—Germ, Ital (Orchestes)
Orgilus (Ischius) striolatus Rtzbg.—Germ
Spathius exarator L. (clavatus Pz.)—Germ (Orchestes)
Triaspis caudatus Nees (Sigalphus, Spathius)—Gall, Germ, Polen
Ch: Atoposomoidea (Cirrospilus) luteus Buk.—Russl
Chrysocharis orchestis Rtzbg.—Germ
(Entedon, Eulophus)
Chrysocharis purpureus Buk.—Russl
Cirrospilus elegantissimus Westw. (Entedon flavomaculatus)—Germ
Elachertus obscuripes Rtzbg.—Germ, Russl
(Elachestus, Entedon, Pleurotropis)
Entedon confinis Rtzbg. (confusus Rtzbg.)—Gall, Germ
— lunatus Rtzbg.—Germ
— luteipes Rtzbg.—Germ
— sesquifasciatus Rtzbg. (Eulophus)—Germ
Eulophus (Comedo, Cratotechus) larvarum L.—Europ: Gall, Germ
(Entedon fumatus Rtzbg.)
— obscurus Rtzbg. (Elachestus)—Germ
Habrocytus metallifemur Buk.—Russl-hyper
— tenuicornis Frst. (jouanensis Rtzbg.)—Gall, Germ—(+ Orchestes ilicis)—hyper v. Calyptus minutus u. Sigalphus fagi
Ophioneurus signatus Rtzbg.—

Pnigalio pectinicornis L. (Eulophus dendricornis Rtzbg.)—Gall, Germ (pilicornis Rtzbg. viduus Rtzbg.)—(+ Orchestes) viminalis)
Poropoea stollwerkii Frst. (Ophioneurus simplex Rtzbg.)—
Tetrastichus (Entedon) amethystinus Rtzbg.—Germ
— cyclogaster Rtzbg. (Elachestus, Entedon, Geniocerus)—Germ, Russl, Suec
— medianus Rtzbg. (Entedon)—Gall, Germ (Orchestes)
— orchestidis Buk. (Chrysocharis, Entedon)—Russl—hyper v. Trichomalus diachymatis
— xanthops Nees (Entedon)—Germ
Trichomalus diachymatis Rtzbg.—Austria, Gall, Germ, Russl (+ Orchestes viminalis) (Pteromalus orchestis Rtzbg.)

I: Itoplectis (Pimpla) alternans Grv.—Europ: Germ, Ital
Polysphincta latistriata Rtzbg.—Germ

P: Liophanurus (Teleas) minutus Rtzbg.—Germ

26. Rhynchaenus rufus Schrk.

Ch: Tetrastichus sp.—

27. Rhynchaenus salicis L. (Curculio, Orchestes)

Ch: Chrysocharis (Entedon) orchestis Rtzbg.—Germ
Cirrospilus elegantissimus Westw.—sive: C. diallus Walk.—Germ (Entedon punctatus Rtzbg.)
Enaysma chrysostoma Thn. (Elachertus leucobates Rtzbg.)—Germ
Entedon unicostatus Rtzbg.—Germ
Ophioneurus signatus Rtzbg.—
Poropoea stollwerkii Frst. (Ophioneurus simplex Rtzbg.)—
Pteromalus sp.—Germ
Tetrastichus (Entedon) medianus Rtzbg.—Germ

27a. Rhynchaenus spp. (Orchestes)

B: Exothecus laevis Thn.—Germ
Phanomeris dimidiatus Nees (abnormis Wesm.)—(fals. Thanomeria)—Germ

Ch: Atoposomoidea (Cirrospilus) pictus Nees—Gall
— — vittatus Walk.—Europ
Chrysocharis sp.—
Eulophus pyralidum Aud.—Gall
Sympiesis sp.—Europ: Brit

28. Rhynchaenus testaceus Müll. var. semirufus Gyll.

B: Eubadizon (Sigalphus, Triaspis) palli(di)pes Nees—Europ: Brit, Germ, Suec

Ch: Atoposomoidea (Cirrospilus) pictus (Nees) Thn.—(Leonardi)
Ophioneurus signatus Rtzbg.—
Pnigalio pectinicornis L. (Eulophus dendricornis Rtzbg.)—(Leonardi)
Poropoea stollwerkii Frst.—(Ophioneurus simplex Rtzbg.)—

28a. Rhynchaenus spp. (auch: fagi L., pilosus Fb., quercus L., salicis L., testaceus Müll., + testaceus var. semirufus Gyll. — nach Rudow)

B: Calyptus (Brachistes) atricornis Rtzbg.—
Doryctes sbg. Ischiogonus mutillator Thbg.—
(Bracon disparator Rtzbg.)
Eubadizon pallipes Nees (Sigalphus, Triaspis fulvipes Rtzbg.)—
Habrobracon (Bracon) palpebrator Rtzbg.—
— var. labrator Rtzbg.—
— var. sordidator Rtzbg.—
Heterospilus (Bracon) incompletus Rtzbg.—
Microdus abscissus Rtzbg.—
Orgilus (Ischius) striolatus Rtzbg.—
Sigalphus firmus Rtzbg.—
— robustus Rtzbg.—
Spathius (Microgaster) brevicaudis Rtzbg.—
Triaspis (Sigalphus) curculionum Rtzbg.—
— — striatulus Nees—

Ch: Atoposomoidea (Cirrospilus) pictus Nees var. arcuatus Rtzbg.—Gall
— vittatus Walk. (lineatus Rtzbg.)—
Chrysocharis (Entedon) orchestis Rtzbg.
Cirrospilus elegantissimus Westw. (Entedon punctatus Rtzbg.)
Eulophus larvarum L. (fumatus Rtzbg.)—
Eupelmus atropurpureus Dalm.—
Eurytoma morio Boh. (ischioxanthus Rtzbg.)—
— obscura Boh.—
Eutelus (Pteromalus) clavatus Rtzbg.—
Mesopolobus (Pteromalus) amoenus Walk.—
Pteromalus dahlbomi Rtzbg.—
— pellucidus Frst.—
— timidus D.T. (Eulophus lepidus Rtzbg.)—
— virens Nees—
Rhopalicus guttatus Rtzbg. (Pteromalus)
— tutela Walk. (Pteromalus aemulus Rtzbg.)
(— lunula Rtzbg.)
(— suspensus Rtzbg.)—
Tetrastichus (Entedon) aethiops Walk.—
Trichomalus diachymatis Rtzbg. (Pteromalus orchestis Rtzbg.)—

I: Echthrus (Xorides) crassipes Grv.—
— — hercynianus Rtzbg.—
Ephialtes carbonarius F.—
— ?strobilorum Rtzbg. (Pimpla laticeps Rtzbg.)—
— (Pimpla) terebrans Rtzbg.—
— tuberculatus Geoffr. in Fourcr.—
Hemiteles sbg. Astomaspis aestivalis var. melanarius Grv.—
sbg. Otacustes — var. modestus Grv.—
Ischnocerus rusticus Geoffr. in Fourcr.—
Neurateles papyraceus Rtzbg.—
Scambus sagax Htg. (Pimpla linearis Rtzbg.)—

29. Rhynchaenus ulmi L.

Ch: Atoposomoidea pictus Nees—Europ

(Rhynchites pauxillus Germ.) = Merhynchites

30. Sphaeroderma rubidum Graells — Chrysomelid.

Ch: Elachertus (Elachestus) sp.—Ital

31. Stenocarus fuliginosus Mrsh. (Coeliodes) — Curculionid.

B: Triaspis sbg. Schizoprymnus aciculatus Rtzbg. (auriculatus Rtzbg.)—ČSR

— — gregori Snofl.—ČSR

I: Itoplectis (Pimpla) maculator Fb.—Austria
Phygadeuon roszypali Greg.—Mähren-hyper v. Tersilochus
Tersilochus caudatus Hgn. (moderator L.)—Russl
— gibbus Hgn. sbsp. stenocrani Greg.—Mähren
— triangularis Grv.—Russl

32. Trachys minutus L.—Buprestid.

B: Apanteles (Microgaster) albipennis Nees—Gall

Ch: Entedon caelestis Gour.—Gall
Sympiesis gordius Walk. (Eulophus cervicornis Frst.)—Gall, Germ

33. Trachys pumilus Ill.

B: Bracon sbg. Glabrobracon obscurator Nees var.—Dania (Sönderup)

Ch: Chrysocharis sp.—

34. Trachys troglodytes Gyll.

B; Bracon sbg. Glabrobracon obscurator Nees var. biplicatus Fahrg.—Dania (Sönderup)

35. Zeugophora scutellaris Suffr.—Chrysomelid.

Ch: Mymarid. indet.—Belg.

a) Arten-vielfalt der Parasiten-genera

spp. Genera
9 — Entedon-Ch-o
8 — Tetrastichus-Ch-ex Curc.
— Triaspis-B-ex Curc.
7 — Pteromalus-Ch-ex Curc.
— Eulophus-Ch-o
6 — Bracon-B-o
— Ephialtes-I-ex Curc.
5 — Tersilochus-I-ex Curc.
— Trichomalus-Ch-ex Curc.
4 — Cirrospilus-Ch-ex Curc.
Diospilus-B-o
Eubadizon-B-o
Eurytoma-Ch-ex Curc.
Habrocytus-Ch-ex Curc.
3 — Apanteles-B-o
— Calyptus-B-ex Curc.
— Eupelmus-Ch-ex Curc.
— Scambus-I-ex Curc.
2 — Chrysocharis-Ch-ex Curc.
— Echthtrus-I-ex Curc.
— Epilampsis-Ch-ex Curc.
— Hemiteles-I-ex Curc.
— Itoplectis-I-ex Curc.
— Microctonus-B-(ex Curc.)
Pnigalio-Ch-ex Curc.
— Rhopalicus-Ch-ex Curc.
— Sigalphus-B-ex Curc.
— Spathius-B-ex Curc.
1 — alle übrigen

b) Wirte-vielfalt der Parasiten W.

9 — Eubadizon pallidipes-B-ex Curc.
6 — Ophioneurus signatus-Ch-ex Curc.
— Poropoea stollwerki-Ch-ex Curc.
5 — Atoposomoidea pictus-Ch-ex Curc.
5 — Chrysocharis orchestis-Ch-ex Curc.
— Trichomalus diachymatis-Ch-ex Curc.
4 — Atoposomoidea vittatus-Ch-ex Curc.
— Cirrospilus elegantissimus-Ch-Curc.
— Diospilus oleraceus-B-ex Curc.
— Eulophus larvarum-Ch-ex Curc.
— Pnigalio pectinicornis- Ch-ex Curc.

3 — Glabrobracon discoideus-B-ex Curc.
— Elachertus obscuripes-Ch-ex Curc.
— Eupelmus-Ch-ex Curc.
— Necremnus leucarthros-Ch-ex Curc.
— Scambus sagax-I-ex Curc.
— Tersilochus triangularis-I-ex Curc.
— Tetrastichus medianus-Ch-ex Curc.
— Triaspis caudatus-B-ex Curc.
— pallidus-B-ex Curc.
— Trichomalus herbidus-Ch-ex Curc.

2 — Calyptus minutus-B-ex Curc.
— Diospilus affinis-B-ex Curc.
— morosus-B-ex Chrysomelid.
— Echthrus-I-ex Curc.
— Entedon luteipes-Ch-ex Curc.
— Eurytoma curculionum-Ch-ex Curc.
— Habrocytus lixi-Ch-ex Curc.
— metallifemur-Ch-ex Curc.
— tenuicornis-Ch-ex Curc.
— Itoplectis maculator-I-ex Curc.
— Lucobracon immutator-B-ex Curc.
— Microctonus aethiops-B-o
— melanopus-ex Curc.
— Orgilus striolatus-B-ex Curc.
— Phaonia trimaculata-D-ex Curc.
— Picroscytoideus cerasiops-Ch-ex Curc.
— Pteromalus timidus-Ch-ex Curc.
— Spathius-B-ex Curc.
— Striobracon intercessor-B-ex Curc.
— Tetrastichus cyclogaster-Ch-ex Curc.
— — var. obscurata-ex Curc.
— orchestidis-Ch-ex Curc.

— xanthops-ex Curc.
— Tersilochus cau-
— datus-I-ex Curc.
— gibbus-ex Curc.
— moderator-ex Curc.
— Triaspis obscurus-B-ex Curc.

1 — alle übrigen

c) AN BESTIMMTE WIRTSFAMILIEN GEBUNDEN:

bei Buprestidae
Apanteles albipennis-B
Entedon caelestis-Ch
Glabrobracon obscurator var. biplicatus-B
Sympiesis gordius-Ch

bei Cerambycidae
Phaenolobus saltans-I

bei Chrysomelidae
Diospilus capito-B
— vic. capito
— morosus-
Elachertus sp.-Ch
Eubadizon coxalis-B
Eulophus sp.-Ch
Mymaridae indet.-Ch
Perilitus sp.-B
Temelucha carinifera-I

bei Curculionidae
Atoposomoidea-Ch
Calliceras-P
Calyptus-B
Chrysocharis-Ch
Cirrospilus-Ch
Diospilus-B
Echthrus-I
Elachertus-Ch
Entedon-Ch
Ephialtes-I
Epilampsis-Ch
Eubadizon-B
Eulophus-Ch
Eupelmus-Ch
Eurytoma-Ch
Glabrobracon-B
Habrocytus-Ch
Hemiteles-I
Itonididae-D
Itoplectis-I
Liophanurus-P
Lucobracon-B
Microctonus-B
Necremnus-Ch
Nyctia-D
Ophioneurus-Ch
Orgilus-B
Phaonia-D
Picroscytoideus-Ch
Pnigalio-Ch
Poropoea-Ch
Psilopa-D
Pteromalus-Ch
Rhopalicus-Ch
Scambus-I
Sigalphus-B
Spathius-B
Striobracon-B
Tersilochus-I
Tetrastichus-Ch
Triaspis-B
Trichomalus-Ch
Zeuxia-D

Hyperparasiten

Ch: Elachertus obscuripes—von Calyptus minutus u. Sigalphus fagi
Eupelmus annulatus—von?
Habrocytus eucerus—von?
— metallifemur—von Calyptus minutus u. Sigalphus fagi
— tenuicornis—von Calyptus minutus u. Sigalphus fagi
Picroscytoideus cerasiops—von Eurytoma oder Microbracon intercessor
Tetrastichus orchestidis—von Calyptus minutus u. Trichomalus diachymatis

I: Phygadeuon roszypali—von Tersilochus
Tersilochus caudatus—von Diospilus

Grösste Parasiten-vielfalt
ex Rhynchaenus quercus L.: 35 spp.

Der Wirte-reihe Anteil II

DIPTERA

DIPTERA (Wirte): 10 Fam.—27 genera—213 spp.

Übersicht:

Gen.	spp.	Fam.	Genus	spp.
11	175	Agromyzidae		
(4)	(28)	sbf. Agromyzinae:	Agromyza—spp.	—22
			Melanagromyza	— 3
			Ophiomyia	— 2
			Tylomyza	— 1
(7)	(147)	sbf. Phytomyzinae:	Cerodonta	— 1
			Liriomyza	—21
			Metopomyza	— 1
			Napomyza	— 5
			Phytagromyza	— 7
			Phytobia	—23
			Phytomyza	—88
1	1	Chloropidae:	Chlorops	— 1
1	2	Drosophilidae:	Scaptomyza	— 2
1	9	Ephydridae:	Hydrellia	— 9
2	2	Itonididae:	Cystiphora	— 1
			Monarthropalpus	— 1
3	14	Muscidae:	Chirosia	— 3
			Pegomyia	— 9
			Phorbia	— 2
1	1	Psilidae:	Psila	— 1
2	3	Scatophagidae:	Chilyzosoma	— 2
			Norellisoma	— 1
1	1	Syrphidae:	Cheilosia	— 1
4	5	Trypetidae:	Philophylla	— 2
			Prionimera	— 1
			Trypeta	— 1
			Vidalia	— 1

Familien mit Wirte-Nr.

Agromyzidae: Nr. 1—23, 41—66, 68—72, 74—75, 88—206, 212
Chloropidae: Nr. 28
Drosophilidae: Nr. 209, 210
Ephydridae: Nr. 32—40
Itonididae: Nr. 31, 67
Muscidae: Nr. 25—27, 76—84, 86, 87
Psilidae: Nr. 208
Scatophagidae: Nr. 29, 30, 73
Syrphidae: Nr. 24
Trypetidae: Nr. 85, 85a, 207, 211, 213

a) Familien: nach Gen. u. spp. —Vielfalt fallend:			b) Arten-vielfalt der Genera:	
Gen.	Fam.	spp.	spp.	Genus
11	Agromyzidae	175	88 —	Phytomyza
4	Trypetidae	5	23 —	Phytobia
3	Muscidae	14	22 —	Agromyza
2	Scatophagidae	3	21 —	Liriomyza
2	Itonididae	2	9 —	Hydrellia
1	Ephydridae	9	—	Pegomyia
1	Drosophilidae	2	7 —	Phytagromyza
1	Chloropidae	1	5 —	Napomyza
1	Psilidae	1	3 —	Chirosia
1	Syrphidae	1	—	Melanagromyza
			2 —	Chilyzosoma
			—	Ophiomyia
			—	Philophylla
			—	Phorbia
			—	Scaptomyza
			1 —	alle übrigen.

DIPTERA. Wirtsliste mit Parasiten (alphabet.)

(Acidia cognata Wied.) = Prionimera
(— heraclei L.) = Philophylla
(Agromyza abiens Zett.) = rufipes Mg.

1. Agromyza airae Karl (lucida Hend.)—Agromyzid.
B: Nosopaeus (Opius) polyzonius Wsm.—Germ

(Agromyza albiceps Mg.) = Phytomyza

2. Agromyza albipennis Mg.
B: Antrusa melanocera Thn. (Dacnusa)—Brit

3. Agromyza albitarsis Mg. (populi Hend.)
B: Colastes braconius Hal. (Exothecus debilis Wsm.)—Germ
Dacnusa lateralis Hal.—Europ
Nosopaeus polyzonius Wsm. (Opius)
Opius rotundiventris Thn. (Therobolus)—Germ
— sp.—Germ
Rhizarcha stramineipes Thn.—Europ.

4. Agromyza alni-betulae Hend.
B: Nosopaeus (Opius) polyzonius Wsm.—N&MEurop
Toxelea phryne Nix.—Brit
Ch: Chrysocharis brevis Del.—Germ:Bayern

5. Agromyza ambigua Fall (Domomyza)
B: Opiini—Ital
Ch: Chalcididae—Ital
Cy: Cynipidae—Ital

6 Agromyza anthracina Mg.
B: Dacnusa lateralis Hal.—Brit
Pachysema abdita Hal.—
Toxelea hera Nix. (Dacnusa)—Brit

7. Agromyza apfelbecki Strbl. (andalusiaca Strbl.)
B: Grandia cynariphila Ricch.—Ital, Spanien
(Dacnusa navicularis Nees var. cynariphila Ricch.)
Ch: Stenomalina (Stenomalus) muscarum L.—Ital, Spanien

(Agromyza atra Mg.) = Phytobia
(— bellidis Kltb.) = Phytobia humeralis v. Ros.
(— coquillettii Mall.) = Phytobia lateralis Mcq.
(— cunctans Mg.) = Melanagromyza

8. Agromyza distorta Griff.

B: Antrusa (Dacnusa) melanocera Thn.—Brit

9. Agromyza ferruginosa v. d. Wulp

Ch: Chrysocharis filicornis Thn.—Germ: Bayern

10. Agromyza flaviceps (Mg.) Fall.

B: Microbracon epitriptus Marsh.—Germ

(Agromyza flavifrons Mg.) = Phytobia

11. Agromyza flavipennis Hend.

Ch: Miscogaster gracilipes Thn.—Suec

(Agromyza graminis Kltb.) = Phytobia incisa Fall.
(— harlemensis Weyb.) = Napomyza xylostei Kltb.
(— heringiana Hend.) = Phytomyza
(— impatientis Bri.) = Liriomyza
(— incisa Mg.) = Phytobia
(— ireas Hardy) = Phytobia
(— jucunda v. d. Wulp) = Phytobia artemisiae Kltb.
(— labiatarum Hend.) = Phytobia
(— labiens Zett.) = rufipes Mg.
(— lateralis Fall.) = Napomyza
(— lateralis Mcq.) = Phytobia
(— laterella Zett.) = Phytobia morosa Mg.
(— limbatella) = Phytomyza albiceps Mg.
(— lucida Hend.) = airae Karl
(— macquarti R.D.) = Phytobia verbasci Bché.

12. Agromyza mobilis Mg. (Domomyza)

B: Dacnusa lateralis Hal.—Brit, Germ, Norwegen
— sp.—Ital
Opius rufipes Wsm.—Gall, Germ, Ital

Ch: Halticoptera? flavifrons Thn.—Ital
Miscogaster? lucida Walk. (Lamprotatus?)—Ital

Cy: Gronotoma domomyzae Hed.—Ital

(Agromyza morio Bri.) = Phytobia

13. Agromyza nana Mg. (Domomyza)

B: Alysia truncator Nees—Brit, Gall, Germ
Blacus florus Gour. (floreus)—Gall
Dacnusa flavipes Gour.—Gall
— incerta Gour.—Gall
— misella Marsh.—Brit

Dacnusini. indet.—Germ—a. Vicia cracca
Pachysema tristis Nees (Dacnusa)—Europ
Therobolus sp.—Germ (Domomyza)

Ch: Chrysocharis (Derostenus) filicornis Thn.—Suec
— heterotomus Thn.—Suec
— punctifrons Thn.—Germ: Bayern, Suec
Elachertus (Elachistus) petiolatus Thn.—Gall, Ital
Omphale (Entedon) palustris Gour.—Gall
Stictomischus sp.—Suec

14. Agromyza nigrescens Hend. (heringi de Meij.)

B: Opius posticatae M. Fisch.—Suec
— reptantis M. Fisch.—Suec

Ch: Chrysocharis sp.—Suec
Miscogaster gracilipes Thn.—Suec
Stictomischus sp.—Suec.

15. Agromyza nigripes Mg.

B: Antrusa (Dacnusa) melanocera Thn.—Brit
Bracon agromyzinum Rond.—Ital
— sp.—Germ
Dacnusa lugubris Nix.—Brit
— ninella Nix.—Brit
— nyctia Nix.—Brit
Dacnusini sp.—Germ
Gyrocampa sp.—Germ—a. Phalaris arundinacea
Opius agromyzae Rond.—Ital
— sp.—Germ
Pachysema (Dacnusa) tristis Nees—Brit, Gall, Germ, Suec

16. Agromyza niveipennis Zett. (Domomyza)

B: Nosopaeus sp.—Germ
Stiphrocera sp.—Germ

Ch: Derostenus sp.—Ital
Solenotus sp.—Ital

17. Agromyza phragmitidis Hend.

B: Dacnusa nydia Nix.—Brit
Dacnusini indet.—Germ
Opius ochrogaster Wsm.—Europ
— variegatus Szepl.—MEurop

(Agromyza pinguis Fall.) = Tylomyza
(— pisi Kltb.) = Phytomyza albiceps Mg.
(— populi Hend.) = albitarsis Mg.
(— posticata Mg.) = Phytobia
(— pusilla Mg.) = Liriomyza

18. Agromyza reptans Fall.

B: Dacnusa deione Nix.—Brit
— lateralis Hal.—Brit (?Agromyza rufipes Mg.)
Opius reptantis M. Fisch.—Suec
— docilis Hal.—Europ
Toxelea (Dacnusa) hera Nix.—Brit

Ch: Chrysocharis seiuncta Del.—Suec
Halticoptera patellana Dalm.—Suec
Lamprotatus gracilis Thn.—Europ: Suec
Miscogaster fulgens Del.—SGerm.—a. Urtica
— gracilipes Thn—Suec
Tetrastichus pallicornis Thn.—Suec

19. Agromyza rubi Bri.

Ch: Ormyrus punctiger Westw.—Europ

20. Agromyza rufipes Mg. (abiens Zett.-fals.: labiens)

B: Braconid. indet.—Dania (Sönderup)
Dacnusa deione Nix.—Brit
— rufipes Nees—Dania, Gall
Opius arenosus Szepl. (arenous)—
— confusus Gir.—Gall
— ruficeps Wsm.—Belg, Brit, Gall, Germ, Suec (+ A. abiens)
— rufipes Nees—Dania, Gall, Ital
Pachysema (Dacnusa) abdita Hal.—N&MEurop: Brit
Toxelea (Dacnusa) hera Nix.—Europ: Brit

Ch: Gitognathus sericeus Thn.—Germ
Lamprotatus chrysochlorus Walk.—Brit. (A. abiens)
— sp.—(Gir.—Laboulb.)
Miscogaster gracilipes Thn.—Suec
Pleurotropis flaviscapus Thn.—Germ

Cy: Eucoila melanoptera Htg.—Gall—a. Cynoglossum
Cothonaspis (Psilothrix) giraudi Frst.—Gall (A. abiens)

(Agromyza senecionis Kltb.) = Phytomyza
(— simplex H. Löw) = Melanagromyza

20a. Agromyza spp.

B: Alysia spp.—Germ (Bri.)
Apanteles ruficrus Hal.—Germ (Ob. Lausitz)
Chorebus (Gyrocampa) affinis Nees—Gall
Colastes (Exothecus) braconius Hal.—Gall
Dacnusa gracilis Nees—N &MEurop
— lugubris Nix.—Brit
— rotundiventris Thn.—Dania

Ch: Asaphes vulgaris Walk. (Chrysolampus aeneus Rtzbg.)—Germ
Atoposomoidea (Cirrospilus) vittatus Walk.—Dania
Chrysolampus truncatus Thn.—Dania

Derostenus? conformis Thn.—Dania
Lamprotatus chrysochlorus Walk.—Gall
Pediobius metallicus Nees—Gall—a. Leontodon
(Eulophus, Pleurotropis)
Polycystus (Merismus) clavicornis Walk.—Dania
Solenotus sp.—Gall
Tetrastichus brevicornis Nees—Gall
Torymus auratus Fourcr.—Gall

I: Nemeritis moderator L.—Germ
(Phaedroctonus cremastoides Hgn.)

P: Platygaster sp.—Russland

21. Agromyza spiraeae Kltb.

B: Dacnusa deione Nix.—Brit
— eros Nix.—Brit
Mesora sp. (Dacnusa)—Germ
Opius singularis Wsm.—Europ
Rhizarcha areolaris Hal. (Dacnusa)—Europ

Ch: Pnigalio (Eulophus) pectinicornis L.—Suec

P: Trichopria cilipes Kieff.—Europ

(Agromyza strigata Mg.) = Liriomyza
(— texana Mall.) = Ophiomyia proboscidea Strbl.
(— verbasci Bché.) = Phytobia

22. Agromyza viciae Kltb.

B: Antrusa (Dacnusa) melanocera Thn.—Germ
Ch: Chalcidid. indet.—coll. Hendel (Wien)

(Agromyza xylostei Kltb.) = Napomyza
(— xylostei R.D.) = Phytagromyza

22a. Agromyza + Phytomyza (sensu antiquo)

B: Alysia sp.—Germ (Bri).
Colastes braconius (Exothecus) Hal.—Germ (Bri.)
Dacnusa sp.—Germ (Bri.)
Nosopaeus clarus Hal. (Opius)—Germ (Bri.)
Opius spp.—Germ (Bri.)

Ch: Eutelus (Pteromalus) semiclavatus Rtzbg.—Germ (Bri.)
Halticoptera (Pachylarthrus) flavicornis (Spin.) Thn.—Germ (Bri.)
Polycystus (Merismus) clavicornis Walk.—Dania
Tetrastichus (Entedon) xanthops Rtzbg.—Germ (Bri.)

22b. Agromyzinae (Agromyzidae)

B: Chasmodon apterus Nees—Germ: Kiel
Colastes (Exothecus) braconius Hal—Europ
Dacnusa misella Marsh.—Germ:Kiel

— sp.—Germ: Kiel
Opius palli(di)pes Wsm.—N&MEurop
Pachysema (Dacnusa) aquilegiae Marsh.—N&MEurop
— ocyrae Nix.—Brit—a. Inula, o. ?Conyza squarrosa
Pentapleura pumilio Nees—Germ: Kiel

Ch: Atoposomoiden (Cirrospilus) vittatus Walk.—Germ: Kiel
Chrysocharis heterotomus Thn—Germ: Kiel
Diglyphus chabrias Walk.—Europ. (Nowicky)
— isaea Walk.—Germ: Kiel
Lamprotatus sp.—Germ: Kiel

(Amauromyza morionella Zett.) = Phytobia
(Anthomyia albimana Zett.) = Chirosia albitarsis Zett.
(— ceparum Gir.) = Phorbia platura Mg.
(— conformis) = Pegomyia hyoscyami Pz.
(— nigritarsis Zett.) = Pegomyia
(— rumicis R.D.) = Pegomyia bicolor Wied.
(— verbasci Bché.) = Phytobia
(— versicolor Mg.) = Pegomyia
(— xylostei R.D.) = Phytagromyza
(Calycomyza gyrans Fall.) = Phytobia
(— humeralis v. Ros.) = Phytobia
(Cecidomyia sonchi Löw) = Cystiphora

23. Cerodonta sp.—Agromyzid.

B: Rhizarcha lestes Nix.—Brit—a. Stellaria

24. Cheilosia sp. (Chilosia)—Syrphid.

B: Microbracon sp.—Germ—a. Senecio fuchsii

25. Chirosia albitarsis Zett. (Anthomyia albimana Zett.)—Muscid.—(in der Blattmittelrippe)

B: Ascogaster quadridentatus Wsm.—Germ (Bri.)
Bracon sp.—Germ (Bri.)

I: Pristomerus vulnerator Pz.—Europ: Gall, Germ, Ital, Rumänien

26. Chirosia crassiseta Stein (in der Blattmittelrippe)

B: Bracon fuscicoxis Westw.—Holl

Ch: Halticoptera sp.—Schottland
Sphegigaster sp.—Schottland

I: Phygadeuon detestator Thbg. (fumator Grv.)—Schottland

27. Chirosia parvicornis Zett.

B: Phaenocarpa conspurcator Hal.—Schottland

Cy: Eucoila scotica Cam.—Schottland

28. Chlorops pumilionis Bjerk. (Oscinis lineata Fb., taeniopus Mg.) —Chloropid.—(Halmbohrer)

B: Alysia nigra Oliv.—Ital (Leon.)
Bracon sbg. Glabrobracon discoideus Wsm.—
Cardiochiles (Blacus) saltator Fb. var. brachialis Rond.—Ital
Coelinius niger Nees—Europ: Austria, Brit, Bulgar, ČSR; Böhmen, Mähren, Germ, Helvet, Polen, Russl.
— viduus Curt.—Germ
Dacnusa sp.—Polen, Russl
Microbracon longicollis Wsm.—Polen
— sp.—Polen
Pachysema (Dacnusa) tristis Nees—Austria, Galizien
Rhizarcha (Dacnusa) areolaris Nees—Austria, Galizien
Triaspis (Sigalphus) caudatus Nees—Brit

Ch: Asaphes (Cyrtogaster) vulgaris Walk.—Germ—hyper v. Coelinius niger
Callitula bicolor Spin.—Helvet, Polen, Russl
(Baeotomus, Micromelus rufomaculatus Wlk.)
Eupelmella (Eupelmus) vesicularis Retz.—Russl
Eupelmus atropurpureus Salm.—Russl
— microzonus Frst.—Russl
Habrocytus hieracii Thn.—Böhmen
— sp.—Bulgarien, Polen
Pachyceras mirus Walk.—Russl
(Pteromalus mirias)
Stenomalina (Stenomalus) laetus Ruschka—Austria, ČSR, Russl
(Pteromalus)
— micans Ol.—Austria, Brit, Germ, Polen—hyper
— muscarum L.—Polen—hyper v. Coelinus niger
— sp.—Germ

I: Pimpla examinator F.—Austria

(Chortophila mitis) = Pegomyia bicolor Wied.
(— platura Mg.) = Phorbia
(— trichodactyla Rond.) = Phorbia florilega Zett.

29. Chylizosoma paridis Hend. (Parallelomma)—Scatophagid.

B: Orthostigma sp.—Germ

29a. Chylizosoma sp.

Ch: Chrysocharis pilosa Del.—Germ: Bayern–a. Polygonatum

30. Chylizosoma vittatum Mg.

Ch: Stictomischus gibbus Walk.—Austria, Brit, Germ

31. Cystiphora sonchi Löw (Cecidomyia)—Itonidid.

Ch: Holcopelte obscurus Frst.—Ital
Myiomisa microscopica Rond.—Ital
Tetrastichus brevicornis Nees—Gall

(Dendromyza betulae Kang.) = Agromyza
(Dizygomyza approximata Hend.) = Phytobia sbg. Praspedomyza

(— artemisiae Kltb.) = Phytobia
(— atra Mg.) = Phytobia
(— bellidis Kltb.) = Phytobia humeralis v. Ros.
(— betulae Kang) = Agromyza
(— bimaculata Mg.) = Phytobia
(— capitata Zett.) = Phytobia
(— carbonaria Zett.) = Phytobia
(— caricivora Groschke) = Phytobia
(— cepae Her.) = Phytobia
(— flavicornis Mg.) = Phytobia
(— flavifrons Mg.) = Phytobia
(— gyrans Fall.) = Phytobia
(— humeralis v. Ros.) = Phytobia
(— incisa Fall.) = Phytobia
(— iraeos Gour., Hardy, R.D.) = Phytobia
(— labiatarum Hend.) = Phytobia
(— lateralis Mcq.) = Phytobia
(— laterella Zett.) = Phytobia morosa Mg.
(— morio Bri.) = Phytobia
(— morosa Mg.) = Phytobia
(— posticata Mg.) = Phytobia
(— pygmaea Mg.) = Phytobia
(— sönderupi Her.) = Phytobia
(— sp.) = Phytobia
(— verbasci Bché.) = Phytobia

(Domomyza ambigua Fall.) = Agromyza
(— bellidis Kltb.) = Phytobia humeralis v. Ros.
(— labiatarum Hend.) = Phytobia
(— mobilis Mg.) = Agromyza
(— nana Mg.) = Agromyza
(— niveipennis Zett.) = Agromyza
(— senecionis Kltb.) = Phytomyza

32. Hydrellia albilabris Mg.—Ephydrid.

B: Chaenusa (Dacnusa) conjungens Nees—Dania (Sönderup)
Chorebus (Gyrocampa) uliginosa Hal—Europ
Dacnusa (Gyrocampa) limnicola Nees—Europ

(Hydrellia chrysostoma Mg.) = viridescens R.D.

33. Hydrellia cochleariae Hal. (nigripes Mg.)

B: Ademon decrescens Nees—Europ
Chaenusa conjungens Nees (Dacnusa)—Europ: Belg, Brit, Dania, Finnland, Germ, Suec
Chorebus (Gyrocampa) uliginosus Hal.—Germ
Opius caesius Hal. (caesus)—SE
Pachysema (Liposcia) discolor Frst.—

Ch: Gonatocerus uliginosus Hal.—SE.

34. Hydrellia fascitibia v. Ros.

B: Ademon decrescens Nees—Europ

35. Hydrellia griseola Fall. (Hydropota)

B: Ademon decrescens Hal.—Rumän.
Chaenusa conjungens Nees—Rumän.
Chorebus densepunctatus Burgh.—Rumän.
— nixoni Burgh.—Rumän.
— orghidani Burgh.—Rumän.
— uliginosus Nees—Rumän.
Coelinius (Gyrocampa) hydrelliae Kaw.—Europ: Kurland, Russl.
Gyrocampa thienemanni Ruschka—Germ.
Opius hydrelliae R.Kors.—Rumän.
Pachysema (Dacnusa) temula Hal.—Europ.

Ch: Merismus (Polycystus) clavicornis Walk. (scapularis Thn.)—Rumän.

Cy: Kleidotoma striaticollis Cam.—Rumän.

I: Horogenes (Angitia) fenestralis Thn.—Germ (Bri.)

36. Hydrellia maura Mg. (modesta Löw)

B: Pachysema (Liposcia) discolor Frst.—Gall

(Hydrellia modesta Löw) = maura Mg.

37. Hydrellia mutata Zett.

B: Chaenusa (Dacnusa) conjungens Nees—Russl

38. Hydrellia nasturtii Coll. (Stengelbohrer)

B: Ademon decrescens Nees—SGall

(Hydrellia nigripes Mg.) = cochleariae Hal

39. Hydrellia stratiotae Her.

B: Ademon decrescens Nees—Europ
Chorebus (Gyrocampa) uliginosus Hal.—Europ: Belg, Brit, Dania, Germ, Holl, Russl, Suec

39a. Hydrellia spp. (Hydropota)

B: Ademon decrescens Nees—Europ
(Giardinania urinator Stef. Per.)—Ital—a. Potamogeton pectinatum
— mutuator Nees—Russl
Alysiini sp. div.—
Chaenusa (Dacnusa) conjugens Nees—Russl
Chorebus najadum Hal.—SE
— natator W. A. Schulze—
— striola Stelfox—Rumänien
— (Gyrocampa) uliginosa Hal.—Germ, Holl
Dacnusa obscuripes Ruschka—Germ—a. Potamogeton natans
Gyrocampa stagnalis Heym—
— sp.—Germ—a.Potamogeton natans
Opius caesius Hal.—
— hydrelliae Rimsk.Kors.—Russl
Pachysema (Liposcia, Lepisica) discolor Frst.—

P: Ceratopria lacustris Schulz.—Belg, Helvet, Russl.—hyper v. Braconidae

40. Hydrellia viridescens R.D. (chrysostoma Mg.)

B: Ademon decrescens Nees—Germ
Chorebus najadum Hal.—Germ, Irland
— natator W. A. Schulz—Germ

(Hylemyia florilega Zett.) = Phorbia
(— trichodactyla Rond.) = Phorbia florilega Zett.

41. Liriomyza amoena Mg.—Agromyzid.

B: Dacnusa daimenes Nix.—Brit

42. Liriomyza artemisicola de Meij.

B: Antrusa (Dacnusa) melanocera Thn.—Germ

Ch: Chrysocharis (Derostenus) filicornis Thn.—Suec

43. Liriomyza centaureae Her.

B: Rhizarcha (Dacnusa) maculipes Thn.—Brit

44. Liriomyza cicerina Rond. (+ Agromyza)

B: Phaenocarpa gracilicornis Nees—N&MEurop (Agromyza)—Brit, Ital, Suec
(Tanycarpa, Alysia)
Tanycarpa rufinotata Hal—Ital

Ch: Tomoligon cicerinum Rond.—Ital

(Liriomyza congesta Beck.) = trifolii Burg.

45. Liriomyza eupatoriana Spenc.

B: Eurytenes abnormis Wsm.—
Rhizarcha (Dacnusa) maculipes Thn.—Brit

46. Liriomyza eupatorii Kltb.

Ch: Chrysocharis liriomyzae Del.—Suec
Miscogaster gracilipes Thn.—Suec

47. Liriomyza flaveola Fall. (Mg.)

Braconidae indet.—Ital
Opius sp.—Brit
Ch: Achrysocharis (Closterocerus) sp.—Ital
Eulophus sp.—Ital
Miscogaster sp.—Ital
Solenotus sp.—Ital

(Liriomyza hieracii Kltb.) = pusilla Mg.

48. Liriomyza impatientis Bri. (Agromyza)

B: Braconid. indet.—coll. Hendel (Wien)
Opius campanariae M. Fisch.—Polen
— impatientis M. Fisch.—Schlesien

(Liriomyza leguminosarum de Meij.) = trifolii Burg.

49. Liriomyza lutea Mg. (Agromyza)

B: Colastes (Exothecus) braconius Hal.—Europ: Austria, Belg, Brit, Gall, Germ

50. Liriomyza mesnili d'Aguil

B: Dacnusa (Merites) taras Nix.—Gall

51. Liriomyza ornata Mg. (in Stengel u. Blattscheide)

B: Bobeckia striolata Thn.—Dania (Sönderup)
Phaenocarpa gracilicornis Thn.—Dania (Sönderup)

52. Liriomyza pascuum Mg.

B: Opius ochrogaster Wsm.—

53. Liriomyza pusilla Mg.

B: Dacnusa incerta Gour.—Gall
Dacnusini indet.—Germ
Rhizarcha (Dacnusa) maculipes Thn.—N&MEurop: Brit
— sp.—Germ
Colastes braconius Hal.—Germ
(Exothecus debilis Wsm.)
Ch: Halticoptera stella Gir.—SE
(Paratrichogastra, Paratrigonogastra)

54. Liriomyza pusio Mg.

B: Dacnusa tarsalis Thn.—Dania (Sönderup)

55. Liriomyza sonchi Hend.

B: Dacnusa sp. vic. daimenes Nix.—Brit
Ch: Chrysocharis (Derostenus) punctifrons Thn.—Germ: Bayern, Suec
— viridicoxis Frst. (misdet. punctiscapus Thn.)—Suec

55a. Liriomyza spp.

Ch: Metasecodes bicolor Erdös—Ungarn—a. Colutea arborescens

56. Liriomyza strigata Mg. (Agromyza)

B: Chorebus (Gyrocampa) uliginosa Hal.—Germ
Nosopaeus (Opius) polyzonius Wsm.—N &MEurop
Rhizarcha (Dacnusa) areolaris Nees—Europ
Ch: Chrysocharis albicans Del.—Suec
— albula Del. (Derostenus petiolatus Thn.)—Suec
Halticoptera (Pachylarthrus) flavicornis Thn.—Suec

57. Liriomyza tanaceti Hend. (de Meij.)

Ch: Chrysocharis seiugata Del.—Suec
(misdet. Derostenus filicornis Thn.)

58. Liriomyza taraxaci Her.

B: Opius palli(di)pes Wsm.—Europ
Ch: Chrysocharis punctifrons Thn.—Germ: München

59. Liriomyza trifolii Burg. (congesta Beck., leguminosarum de Meij.)

B: Dacnusa misella Marsh.—Birt
— sp. vic. daimenes Nix.—Brit
Rhizarcha (Dacnusa) maculipes Thn.—Brit

60. Liriomyza valerianae Hend.

B: Rhizarcha (Dacnusa) areolaris Nees.—Europ

61. Liriomyza variegata Mg.

Ch: Sympiesis acalle Walk.—NItal.—a. Colutea

(Liriomyza violiphaga Hend.) = Metopomyza

62. Liriomyza virgo Zett. (in Stengelrinde)

:B Dacnusa misella Marsh.—Brit

63. Melanagromyza beckeri Hend.—Agromyzid.

B: Dacnusa leptogaster Hal.—Brit
Rhizarcha (Dacnusa) areolaris Nees.—Brit

64. Melanagromyza cunctata Mg. (Agromyza cunctans Mg.)

B: Apanteles (Microgaster) fuliginosus Wsm.—Germ (Ob. Lausitz)
Microgaster posticus Nees (postiacus)—Germ (Ob. Lausitz)

Ch: Chrysocharis albicans Del.—Suec
(misdet. Derostenus punctifrons Thn.)
Chrysocharis (Derostenus) filicornis Thn.—Suec

65. Melanagromyza simplex H. Löw (Agromyza)

B: Dacnusa bathyzona Marsh.—Brit
— rondanii Giard—Gall

Ch: Pediobius (Pleurotropis) metallica Nees (epigonus Walk.)—Brit
Sphegigaster sp.—Brit

66. Metopomyza violiphaga Hend. (Liriomyza)—Agromyzid.

Ch: Derostenus sp.—Suec

67. Monarthropalpus buxi (Geoffr.) Lab. (Cecidomyia)—Itonidid.

Ch: Myiomisa microscopica Rond.—Ungarn
Tetrastichus inunctus Nees—Austria: Umgebg. Wien

68. Napomyza aconitophila Hend. (Phytomyza)—Agromyzid.

Ch: Derostenus sp.—Suec
Stictomischus groschkei Del.—Germ: Bayern

69. Napomyza glechomae Kltb. (Phytomyza)

B: Opius ochrogaster Wsm.—
Rhizarcha (Dacnusa) areolaris Nees—Brit
— — laevipectus Thn.—N&MEurop: Brit

Ch: Chrysocharis punctiscapus Thn.—Suec
(misdet. Derostenus punctifrons Thn.)
Chalcidid. indet.—coll. Hendel (Wien)

70. Napomyza lateralis Fall. (Agromyza, Phytomyza)—(normal in Blattstiel, Stengel u. Blütenboden)

B: Bracon sbg. Glabrobracon caudatus Rtzbg.—(Hedwig)
— — discoideus Wsm.—Germ: ObLausitz
Dacnusa didas Nix.—Brit
— flavipes Gour.—Gall (Agromyza)
— leptogaster Hal.—Belg. (+ Ophiomyia pinguis)
— rufipes Nees—Polen
Opius palli(di)pes Wsm.—Europ
Rhizarcha (Dacnusa) areolaris Nees—Polen

Ch: Entedon gracilis Gour.—Gall (Agromyza)
— sp.—Brit
Pteromalus sp.—Brit
Stenomalina (Stenomalus) muscarum L.—Belg (+ Ophiomyia pinguis)
Syntomopus thoracicus Walk.—Brit

71. Napomyza rydéni Her. (Phytomyza)

Ch: Chrysocharis albicans Del.—Suec
(misdet. Derostenus punctiscapus Thn.)

71a. Napomyza spp.

B: Dacnusa sp. vic. aphanta Nix.—Brit
Rhizarcha (Dacnusa) laevipectus Thn.—Europ

Ch: Chrysocharis albicans Del.– Suec.

72. Napomyza xylostei Kltb. (Agromyza harlemensis Weyenb., Phytomyza nigricans Mcq.)

B: Apanteles circumscriptus Nees.—Germ
Aphaereta minuta Nees (cephalotes Hal.)—Europ (Agromyza harlemensis)
Dacnusa aphanta Nix.—Brit, Gall
Orthostigma pumilum Nees—Europ: Fall (Phytomyza nigricans)

(Nemorimyza) = Phytobia posticata Mg.
(Norellia) = Norellisoma spinimanum Mg.

73. Norellisoma spinimanum Mg. (Norellia)—Scatophagid. (in Blattstiel u.-mittelrippe)

B: Phaenocarpa flavipes Hal.—Germ

Cy: Cynipid. indet.—Dania (Sönderup)

I: Gelis (Pezomachus) acarorum L.—Germ
Phygadeuon pegomyiae Hbm.—Germ

74. Ophiomyia maura Mg.—Agromyzid.

B: Opius cingulatus Wsm.—Europ
— piceus Thn.—Europ

Ch: Lamprotatus pilicornis Thn.—Suec

(Ophiomyia pinguis Fall.) = Tylomyza

75. Ophiomyia proboscidea Strbl. (später i. Blattmittelrippe u. Stengelrinde)

B: Dacnusa tarsalis Thn.—Dania (Sönderup)

Ch: Pleurotropis sp.—Dania (Sönderup)

(Oscinis) = Chlorops pumilionis Bjk.
(Parallelomma) = Chylizosoma paridis Hend.

76. Pegomyia acetosae R.D.—Muscid.

B: Opius confusus Gir.—Gall (Gir.—Laboulb.)
— irregularis Wsm.—Belg, Brit, Gall, Suec
— rufipes Wsm.—Belg, Brit, Gall, Germ, Suec

77. Pegomyia albimargo Pand.

Ch: Lamprotatus splendens Westw.—Suec

78. Pegomyia atriplicis Gour.

B: Phaenocarpa (Alysia) ruficeps Nees var. picta Gour.—Gall, Russl

79. Pegomyia betae Curt. (hyoscyami Pz. var. betae Curt.)

B: Opius fulvicollis Thn.—Belg
— nitidulator Nees—Belg, ČSR
— ruficeps Wsm.—Belg
— spinaciae Thn.—Belg, Germ (Schütze-Roman)
Ch: Trichogramma evanescens Westw.—ČSR
Cy: Eucoila sbg. Psichacra anomala Kieff.—ČSR
I: Phygadeuon pegomyiae Hbm.—Belg, Brit
Stilpnus gagates Grv.—Belg

80. Pegomyia bicolor Wied. (Anthomyia, Chortophila mitis)

B: Eurytenes abnormis Wsm. (Opius paradoxus Rtzbg.)—Belg, Brit, Gall, Germ
Opius sbg. Biosteres haemorrhous Hal.—Russl
— pumilio Wsm.—Ital
Phaenocarpa ruficeps Nees—Dania (Sönderup)

(Pegomyia conformis) = hyoscyami Pz.

81. Pegomyia hyoscyami Pz. (Anthomyia conformis, vicina Mcq.)

D: Melanophora roralis L. (atra Mcq.)—Böhmen, Germ
B: Alysia divergens Bengtss.—Germ, Suec
— truncator Nees—Austria
Apanteles congestus Nees—Europ: ČSR
Aspilota betae Bengtss.—Suec
— kemneri Bengtss.—Suec
Colastes decorator Hal.—Gall
Microgaster sbg. Lissogaster bengtssoni Fahring.—Suec
(carinatus Bgtss.)
Opius betae Bengtss.—ČSR, Suec
— sbg. Diachasma carbonarius Nees—Austria, Belg, ČSR, Gall, (procerus Wsm.) Germ, Helvet, Russl, Suec (wesmaeli Hal.)
— sbg. Diachasma fulgidus Hal.—Russl
— fulvicollis Thn.—Belg, Germ, Holl, Suec
— nitidulator Nees (vittatus Ruschka)—Belg, Brit, ČSR, (Mähren), Gall, Germ, Ital, Suec

— pseudonitidus Fahring.—Bulgar (Zuckerrübenblattmine)
— ruficeps Wsm.—Austria, Belg, Brit, Gall, Germ, Ital, Russl, Suec (+ P. conformis)
— rufipes Wsm.—Ital
— spinaciae Thn.—Belg, ČSR, Germ, Holl, Suec
— sbg. Biosteres sylvaticus Hal.—Suec
— testaceus Wsm.—Austria, Belg, Brit, ČSR, Holl
— sp.—Brit, Germ
Phaenocarpa pegomyiae Marsh.—Gall, Russl

Ch: Decatoma betaeensis Dec. (betensis)—Gall, Russl
Dibrachys cavus Walk. (boucheanus Rtzbg.)—Helvet
Eutelus sp.—Germ
Lamprotatus sp.—Germ
Polycystus clavicornis Walk. (scapularis Thn.)—Germ
Trichogramma evanescens Westw.—Belg, ČSR, Germ, Ital, Suec

Cy: Eucoila sbg. Psichacra anomala Kieff.—ČSR
— sp.—Gall
Synergus (Cynips) flavus Kieff.—(Rondani)

I: Herpestomus brunneicornis Grv.—Böhmen
Phygadeuon detestator Thbg. (fumator Grv.)—Germ, Russl, Suec
— pegomyiae Hbm.—Belg, Germ, Holl
Stilpnus gagates Grv.—Belg

P: Trichopria cf. lonchaearum Kieff.—Germ

82. Pegomyia nigritarsis Zett. (Anthomyia)

D: Siphona (Bucentes, Crocuta) cristata F.—Europ: Germ

B: Adelura sp.—Germ (Schütze—Roman)
Opius caelatus Hal.—Brit
— sbg. Biosteres carbonarius Nees—Belg, Brit, Gall, Germ, Suec (procerus Wsm, wesmaeli Hal.)
— sbg. Diachasma fulgidus Hal.—Belg, Brit, Gall, Germ
— nitidulator Nees—Europ

B: Opius palli(di)pes Wsm.—Belg, Brit, Gall, Germ, Ital, (+ Anthomyia)
— pocerus Wsm.—Germ (Schütze—Roman)
— rufipes Wsm.—Belg, Brit, Gall, Germ, Suec
— spinaciae Thn.—Europ
— sbg. Biosteres testaceus Wsm.—ČSR: Böhmen
Phaenocarpa ruficeps Nees—Dania (Sönderup)

Ch: Lamprotatus splendens Westw.—Austria, Brit

Cy: Eucoila sbg. Psichcra anomala Kieff.—ČSR
Figites anthomyiarum Bché.—Europ (Fahringer)

83. Pegomyia rumicis R.D.

B: Opius palli(di)pes Wsm.—Belg, Brit, Gall, Germ, Ital

Cy: Eucoila sbg. Psichacra anomala Kieff.—Gall

84. Pegomyia setaria Mg.

B: Opius sbg. Biosteres carbonarius Nees (wesmaeli Hal.)—Europ

84a. Pegomyia spp.

B: Compressaria (Mesocrina) pugnatrix Marsh.—Brit
Microgaster globatus L.—Germ: ObLausitz
Opius caudatulus Thn.—Europ
— sbg. Biosteres carbonarius Nees (wesmaeli Hal.)—Germ
— nitidulator Nees—SGall.—a. Beta

Ch: Lamprotatus splendens Westw.—Germ. a. Rumex crispus

Cy: Eucoila keilini Kieff.—Gall

(Pegomyia vicina Mcq.) = hyoscyami Pz.

85. Philophylla heraclei L. (Acidia, Tephritis, Trypeta onopordinis Fb.)—Trypetid.

B: Agathis (Microdus) tegularis Thn.—Germ (Schütze-Roman)
Aspilota minuta Nees (fuscicornis Hal.)—Brit, Gall, Suec
Blacus exilis Nees—Suec
Colastes (Exothecus) intermedius Wsm.—Austria: Wien
Dapsilarthra apii Curt.—Brit, Gall, Germ, Ital, Suec (Adelura, Adelurola, Alysia)
Opius cingulatus Wsm.—Brit, Suec
— ocellatus Wsm.—Europ
— palli(di)pes Wsm.—Belg, Brit, Gall, Germ, Ital (Tephritis onopordinis)
— rufipes Wsm.—Gall, Germ
Triaspis (Sigalphus) flavipalpis Wsm.—Brit, Gall, Suec

Ch: Derostenus sp.—Suec
Entedon andronicus Gour.—(Rondani) (Trypeta onopordinis)
Habrocytus sp.—Dania (Sönderup)
Halticoptera flavicornis Spin.—Brit, Suec
— smaragdina Curt. (Pachylarthrus)—Brit, Gall, Germ, Suec
— smaragdula (Phagonia, Phargonia)—Brit (Billrups)
Tetrastichus boreus Del.—Germ: Bayern
Chalcidid. indet.—Russl

Cy: Figites sp. vic. striolatus Htg.—Germ

I: Theroscopus subzonatus Grv.—Brit, Russl (Hemiteles crassicornis Grv.)

85a. Philophylla heraclei L. sbsp. centaureae Fb. (Trypeta)

B: Alysia loripes Hal.—(Rondani)

86. Phorbia florilega Zett. (Chortophila trichodactyla Rond., Hylemyia)—Muscid.

B: Alysia truncator Nees—(Leon.)
Pachysema (Dacnusa) temula Hal.—Suec
— — tristis Nees—Suec
Phaenocarpa flavipes Hal.—Suec
Rhizarcha (Dacnusa) areolaris Nees—Suec
— — stramineipes Hal.—Suec

Ch: Bothriothorax clavicornis Dalm.—(Leonardi)

Cy: Trybliographa (Cothonaspis) rapae Westw.—Helvet (Hylemyia tricho-dactyla)

87. Phorbia platura Mg. (Anthomyia, Chortophila ceparum Gir.) —(unterirdisch)

B: Alysia truncator Nees (lucidula Gour.)—Brit, Gall, Germ
Hygroplitis (Microgaster) rugulosus Nees (?anthomyiarum Bché.)—(Rondani)

Ch: Bothriothorax clavicornis Dalm.—Gall

(Phytagromyza affinis Fall.) = Phytomyza

88. Phytagromyza dianthicola Vent. (Pseudonapomyza, Phytomyza jannonei Seg.)—Agromyzid.

Ch: Achrysocharis (Closterocerus) formosa Westw.—Ital
Diglyphus isaea Walk.—(Solenotus viridis Frst.)—Ital: Venedig (Phytomyza jannonei)
Halticoptera patellana Dalm. (?aenea Walk.)—Ital

89. Phytagromyza hendeliana Her. (Phytomyza)

B: Colastes braconius Hal (Exothecus debilis Wsm.)—Dania (Sönderup)
Opius palli(di)pes Wsm.—
— xylostei Marsh,—Europ
Braconid. indet.—Dania (Sönderup)

Ch: Chrysocharis viridicoxis Frst.—Suec
(misdet. Derostenus punctiscapus Thn.)
Miscogaster gracilipes Thn.—Suec

90. Phytagromyza langei Her.

B: Dacnusa incidens Thn.—Germ

(Phytagromyza minuscula) = Phytomyza

91. Phytagromyza populi Kltb. (Phytomyza)

B: Dacnusa albipes Hal.—Brit (Phytomyza)
— lateralis Hal.—Germ

(Phytagromyza primulae R.D.) = Phytomyza

92. Phytagromyza tremulae Herg.

B: Dacnusa albipes Hal.—Brit—a. Salix caprea

93. Phytagromyza tridentata Löw (Phytomyza)

B: Dacnusa albipes Hal.—N&MEurop: Brit—a. Salix caprea
— dirempta Hal.—Dania (Sönderup)

94. Phytagromyza xylostei R.D. (Agromyza, Phytomyza lonicerae Bri.)

B: Colastes (Exothecus) braconius Hal.—Belg, Brit, Gall, Germ (Phytomyza lonicerae)
Dacnusa dirempta Hal.—Europ
— flavipes Gour.—Gall (Agromyza)
Nosopaeus sp. (Nexopaeus, Opius)—Germ (Schütze-Roman)
Opius ambivius Gour.—Gall
— lonicerae M. Fisch.—Europ: ČSR (Mähren)
— reconditor Wsm.—Belg, Brit, Gall, Germ, Ital, Russl (Agromyza)
— xylostei Marsh.—Gall
Perilitus (Meteorus) ambiguus Rthe.—(Rondani)

Ch: Chrysocharis albula Del.—Germ: Bayern
Entedon coeruleifrons Gour.—(Rondani)
Pleurotropis flaviscapus Thn.—Germ (sive: Phytobia incisa Fall.)
Pteromalini indet.—Böhmen
Pteromalus corbulae Gour.—(Rondani)
Stictomischus phytomyzae Ashm.—Gall (Phytomyza)

95. Phytobia approximata Hend. sbg. Praspedomyza (Dizygomyza) —Agromyzid.

B: Colastes (Exothecus) braconius Hal.—Germ

96. Phytobia artemisiae Kltb. (Calycomyza Dizygomyza, jucunda v. d. Wulp, Agromyza)

Ch: Chrysocharis seiuncta Del.—Suec
(misdet. heterotomus Thn.)

97. Phytobia atra Mg. (Agromyza angulata Löw, Dizygomyza)

Ch: Enaysma chrysostoma Thn. (Chrysocharis, Derostenus)—

(Phytobia bellidis Kltb.) = humeralis v. Ros.

98. Phytobia bimaculata Mg. (Agromyza, Dizygomyza)

B: Nosopaeus (Opius) sp.—Germ (Schütze-Roman)

Ch: Chrysocharis pubens Del.—Germ: Bayern

I: Horogenes (Angitia) tibialis Grv.—Germ: ObLausitz
Promethes festivus Fb.—Germ: ObLausitz

99. Phytobia capitata Zett. (Dizygomyza) (in Stengel oder Früchten)

B: Microgaster rufipes Nees.—Europ

100. Phytobia caricivora Groschke (Dizygomyza)

B: Eurytenes abnormis Wsm.—

Ch: Chrysocharis depressa Del.—Germ

101. Phytobia cepae Her. (Dizygomyza)

Ch: Halticoptera patellana Dalm.—Germ: Rheinpfalz
Cy: Microstilbe bidentata Frst.—Germ: Rheinpfalz

102. Phytobia crucifericola Her.

Ch: Atoposomoiden (Cirrospilus) vittatus Walk.—Germ
Diglyphus isaea Walk.—Germ
Halticoptera patellana Dalm.—Germ
Miscogaster elegans Walk.—Germ

103. Phytobia flavifrons Mg. (Agromyza, Dizygomyza, Phytomyza, Trilobomyza)

B: Bracon sbg. Orthobracon grandiceps Thn.—Germ: ObLausitz
— sbg. Glabrobracon parvulus Wsm.—(Hedwig)
Dacnusa lateralis Hal.—Germ (Agromyza)
Dacnusini sp.—Germ
Nosopaeus (Opius) facinalis Frst.—Germ
Opius ochrogaster Wsm.—Europ
Rhizarcha (Dacnusa) maculipes Thn.—Brit (Phytomyza)

Ch: Chrysocharis albicans Del.—Suec (Dizygomyza)
— seiugata Del.—Suec
(misdet. Derostenus filicornis Thn.)
— (Derostenus) punctifrons Thn.—Suec
— — punctiscapus Thn.—Suec

104. Phytobia gyrans Fall. (Calycomyza, Dizygomyza)

B: Opius minor M. Fisch.—Suec
Ch: Chrysocharis heterotomus Thn.—Suec

105. Phytobia hilarella Zett.

B: Opius phytobiae M. Fisch.—Polen

106. Phytobia humeralis v. Ros. (Agromyza bellidis Kltb. sbg. Calycomyza)

B: Dacnusa bellidis Frst.—(Rondani) (Agromyza bellidis)
Rhizarcha (Dacnusa) maculipes Thn.—Brit, Suec

Ch: Xenocrepis inculta Walk.—Suec
(Amblymerus crassicornis Thn.)

107. Phytobia incisa Fall. (Agromyza graminis Kltb., Dizygomyza)

B: Ademon decrescens Nees—Germ (Schütze-Roman)
Chorebus (Gyrocampa) uliginosa Hal.—Germ (Schütze-Roman)
Dacnusa sp.—Germ
Opius (Nosopaeus, Therobolus) sp.—Germ (Schütze-Roman)
Rhizarcha (Dacnusa) stramincipes Thn.—Germ

Ch: Enaysma chrysostoma Thn.—(Agromyza graminis)
(Chrysocharis, Derostenus)
Pleurotropis flaviscapus Thn.—Germ

108. Phytobia iraeos Gour. (Agromyza, Dizygomyza)

B: Dachusa raissa Nix.—Brit
Eurytenes abnormis Wsm.—
Rhizarcha (Dacnusa) maculipes Thn.—Brit

109. Phytobia iridis Hd.

Ch: Hemiptarsenus unguicollis Zett.—Europ: ČSR

110. Phytobia labiatarum Hend. (Agromyza, Dizygomyza, Domomyza, Trilobomyza)

B: Dacnusa avesta Nix.—Brit
Eurytenes abnormis Wsm.—
Nosopaeus polyzonius Wsm. (Opius)—Europ (Fahringer)
Opius reconditor Wsm.—Germ
Rhizarcha (Dacnusa) areolaris Nees—Brit

111. Phytobia lateralis Mcq. (Agromyza Dizygomyza, Poëmyza)

Ch: Cirrospilus sp.—Ital
Closterocerus sönderupi Kryg.—Dania
Eulophus sp.—Ital
Pleurotropis sp.—Ital

(Phytobia laterella Zett.) = morosa Mg.

112. Phytobia morio Bri. (Agromyza, Dizygomyza, Praspedomyza)

B: Opius cingulatus Wsm.—Europ (Fahringer)
Ch: Chrysocharis punctifrons Thn.—Germ: Bayern

113. Phytobia morionella Zett. (Amauromyza)

Ch: Chrysocharis seiugata Del.—Suec
(misdet. heterotomus Thn.)

114. Phytobia morosa Mg. (Agromyza laterella Zett., Dizygomyza)

B: Alysia truncator Nees—Europ

115. Phytobia posticata Mg. (Agromyza, Dizygomyza, Nemorimyza)

B: Meteorus obfuscator Nees (formosus Wsm.)—Gall, Germ (Agromyza)
Opius posticatae M. Fisch.—Suec
Ch: Chrysocharis crassiscapus Thn.—Suec
(misdet. heterotomus Thn.)

116. Phytobia pygmaea Mcq. (Dizygomyza, Poemyza)

B: Dacnusa asramenes Nix.—Brit (Poemyza)
Opius circulator Nees—N&MEurop
Rhizarcha (Dacnusa) stramineipes Thn.—N&MEurop

Ch: Chrysocharis heterotomus Thn.—Suec (Poemyza)
— plana Del.—Germ (Poemyza)
Kentema viride Del.—Germ (Poemyza)

117. Phytobia sönderupi Her. (Dizygomyza, Phytomyza)

B: Dacnusa morella Nix.—Brit
Rhizarcha stramineipes Hal. (Dacnusa)—Dania (Sönderup)

Ch: Chrysocharis pubens Del.—Germ

117a. Phytobia sp. (Dizygomyza)

Ch: Chrysocharis seiuncta Del.—Suec
Merismus megapterus Walk.—Suec

118. Phytobia verbasci Bché. (Agromyza macquarti R.D., Dizygomyza, Trilobomyza)

B: Alysia truncator Nees—Brit, Gall, Germ (Agromyza macquarti)
Eurytenes (Opius) abnormis Wsm.—Ital
Opius palli(di)pes Wsm.—Belg, Brit, Gall, Germ, Ital (+ Agromyza macquarti)
— pumilio Wsm.—Gall
— reconditor Wsm.—Germ
Rhizarcha (Dacnusa) areolaris Nees—Europ (Fahringer) (Dizygomyza)
— — maculipes Thn.—Europ: Brit (Dizygomyza)

Ch: Chrysocharis heterotomus Thn—Suec (Trilobomyza)
— punctifrons Thn.—Germ: Bayern: München
— syma Walk.—Bayern: München
Entedon aurifrons Gour.—Ital
Telepsogos globosus Del. (Lamprotatus)—Germ: München

119. Phytomyza abdominalis Zett. (hepaticae Frfld.)—Agromyzid.

B: Dacnusa ovalis Marsh.—Germ
Eurytenes abnormis Wsm.

Ch: Chalcidid. indet.—coll. Hendel (Wien)
Miscogaster necopina Del.—Germ: Bayern—a. Anemone

120. Phytomyza aconiti Hend.

B: Pachysema (Dacnusa) aquilegiae Marsh.—Brit

Ch: Chrysocharis (Derostenus) punctiscapus Thn.—Suec

(Phytomyza aconitophila Hend.) = Napomyza

121. Phytomyza actaeae Hend.

B: Rhizarcha (Dacnusa) stramineipes Hal.—Dania (Sönderup)

Ch: Stictomischus miniatus Del.—Germ

122. Phytomyza adjuncta Her.

B: Rhizarcha (Dacnusa) laevipectus Thn.—Brit
Toxelea umbellina Nix.—Brit

123. Phytomyza aegopodii Hend.

Ch: Chrysocharis viridicoxis Frst.—Suec
(misdet. Derostenus punctiscapus Thn.)

124. Phytomyza affinis Fall. (nigricornis Mcq., Phytagromyza)

B: Colastes (Exothecus) braconius Hal.—Belg, Brit, Gall, Germ (Ph. nigricornis)
Nosopaeus (Opius) sp.—Germ (Schütze-Roman)
Opius reconditor Wsm.—Germ
Orthostigma flavipes Rtzbg.—Ital
— pumilum Nees—Germ: ObLausitz

Ch: Bruchophagus (Eurytoma) phanacidis Mayr—Gall
Chrysocharis punctifrons Thn.—Germ
— syma Walk. (aeneiscapus Thn.)—Suec
— (Derostenus) filicornis Thn.—Suec
Dibrachys cavus Walk.—Germ
Elachertus (Elachistus) phytomyzae Rond.—Ital
Heptomerus coeruleonitens Rond.—(Leonardi)
— viridulus Rind.—Ital

Cy: Microstilbe ruficornis Kieff.—Gall

125. Phytomyza agromyzina Mg.

Ch: Chalcidid. indet.—coll. Hendel (Wien)—a. Cornus sanguinea

126. Phytomyza albiceps Mg. (? pisi Kltb., Agromyza limbatella)

B: Aspilota ruficornis Nees—Europ (Fahringer)
Colastes braconius Hal. (Exothecus)—Europ
— (Exothecus) flavitarsis Thn.—Europ (Fahringer)
Dacnusa ovalis Marsh.—Brit
— rufipes Nees.—Europ: Gall, Germ, Suec (Ph. limbatella)
— sp.—Austria (Ruschka)
Pachylomma buccatum Breb.—Austria
Pachysema (Dacnusa) temula Hal.—Brit
— — turissa Nix.—Brit
Rhizarcha (Dacnusa) areolaris Nees. Brit
— — maculipes Thn.—Brit
— — senilis Nees.—Brit, Gall, Ital
Toxelea bellina Nix.—Brit

Ch: Chalcidid. indet.—coll. Hendel (Wien)

P: Trichopria cilipes Kieff.—Europ (Fahringer)

127. Phytomyza albimargo Her.

Ch: Chrysocharis viridicoxis Frst.—Dania, Suec

(Phytomyza albipes Mg.) = ranunculi R.D. var. albipes Mg.
(— ancholiae Gour.) = aquilegiae R.D.

128. Phytomyza anemones Her.

B: Pachysema (Dacnusa) sp.—Brit

129. Phytomyza angelicae Kltb.

B: Dacnusa angelicae Nix.—Brit
Opius curvatus M. Fisch.—Suec
— irregularis Wsm.—Europ
— longipes M. Fisch.—Europ
Rhizarcha (Dacnusa) areolaris Thn.—Brit
— — laevipectus Thn.—Brit

Ch: Chrysocharis punctiscapus Thn.—Suec
— sp.—Brit
Derostenus sp.—Brit
Eulophus sp.—Brit
Diglyphus sp. vic. isaea Walk.—Gall
(?Solenotus viridis Frst.)
Stictomischus maculatus Del.—Wien
— sp.—Suec

130. Phytomyza angelicastri Her.

B: Toxelea (Dacnusa) bellina Nix.—Brit

(Phytomyza anthemidis Her.) = matricariae Hend.

131. Phytomyza anthrisci Hend.

B: Colastes (Exothecus) braconius Hal.—Germ
Toxelea (Dacnusa) umbellina Nix.—Brit
Ch: Chrysocharis (Derostenus) petiolatus Thn.—Suec
— — punctiscapus Thn.—Suec

(Phytomyza aquifolii Desv.) = aquilegiae R.D.
(— aquifolii Gour.) = ilicis Curt.

132. Phytomyza aquilegiae R.D. (ancholiae Gour., aquifolii Desv.)

B: Dacnusa chereas Gour.—Gall
Opius ambivius Gour. (fals.: ambirius)—Gall, Ital
Pachysema (Dacnusa) aquilegiae Marsh.—N&MEurop: Germ
Perilitus (Meteorus) ambiguus Rtzbg.—(Rondani)

Ch: Chrysocharis punctifrons Thn.—Suec
Entedon capronius Gour.—Gall
— coponices Gour.—Gall (P. ancholiae)
— latreillei (Curt.) Walk.—Gall (P. ancholiae)

133. Phytomyza atricornis Mg. (chrysanthemi Kow., geniculata Mcq., horticola Gour., pisi Kltb., syngenesiae Mg.)

B: Antrusa (Dacnusa) melanocera Thn.—Germ
Dacnusa leptogaster Hal.—Gall
— maculata Gour.—Gall, Ital (P. geniculata)
— semirugosa Hal.—N&MEurop
— sonchi Frst.—Germ (P. pisi)
— sp.—Ital

Microgaster rufipes Nees (globata L. var. rufipes)—Germ (P. geniculata)
Opius irregularis Wsm.—Europ
— ochrogaster Wsm. (ochropus Thn.)—Dania (Sönderup)
— sp.—Ital
Pachylomma buccatum Breb.—Europ (Fahringer)
Pachysema (Dacnusa) turissa Nix.—Brit (P. syngenesiae)
Rhizarcha (Dacnusa) areolaris Nees—Austria, Brit, Gall, Ital (+ P. geniculata)
(lysias Gour.)
— laevipectus Thn.—N&MEurop, Brit
— maculipes Thn.—Europ: Brit, SGall (Antibes)
— pubescens Curt.—Brit

Ch: Achrysocharis (Closterocerus) formosa Westw.—Ital
— sp.—Ital
Asaphes vulgaris Walk. (Cyrtogaster)—Suec
Chrysocharis (Derostenus) appendigaster Masi—Ital
— sp.—Wien
— (Entedon) syma Walk.—Austria (Tirol), Bayern, Brit, Gall (P. geniculata)
Cirrospilus cyanops Gour.—Gall (P. geniculata)
Closterocerus (Omphale) stigma Westw. (Entedon)—Gall (P. geniculata)
Cyrtogaster sp.—Austria (P. geniculata)
Derostenus sp.—Austria, Ital, Suec (P. geniculata)
Diglyphus isaea Walk. (Solenotus viridis Frst.)—Belgrad, Germ (+ P. geniculata)
Entedon sp.—Ital
— thonis Walk.—Gall (P. geniculata)
— tolis Gour.—(Rondani)
Epilampsis (Chrysocharis) elongatus Thn.—Jugosl: Belgrad (+ P. geniculata)
Eulophus myodes Walk. (myiodes)—Brit, Gall (P. geniculata)
Hemiptarsenini sp.—Ital
Panstenon oxylus Walk.—Gall (Agromyza pisi)
Pleurotropis brevicornis Thn.—Suec
— sp.—Ital (+P. geniculata)
Solenotus sp.—Ital
— ?phytomyzae Ruschka—Ital
Systasis celer Gour.—Gall (P. geniculata)
Telepsogos (Lamprotatus) berani Del.—Austria

134. Phytomyza bellidina Her.

B: Pachysema (Dacnusa) turissa Nix.—Brit

135. Phytomyza calthophila Her.

Ch: Chrysocharis albula Del.—Suec
— (Derostenus) punctiscapus Thn.—Suec

136. Phytomyza campanariae Nowkw.

B: Opius campanariae M. Fisch.—Polen

137. Phytomyza campanulae Hend.

B: Opius ochrogaster Wsm. (ochropus Thn.)—NBöhmen (Zimmermann)

138. Phytomyza chaerophylli Kltb.

B: Rhizarcha (Dacnusa) areolaris Nees. — Europ
— — laevipectus Thn.—N&MEurop: Brit
Toxelea (Dacnusa) bellina Nix.—Brit
— — umbellina Nix.—Brit

(Phytomyza chrysanthemi Kow.) = atricornis Mg.

139. Phytomyza cicutae Hend.

B: Rhizarcha (Dacnus) areolaris Nees—Europ

Ch: Chrysocharis (Derostenus) punctifrons Thn.—Suec
— syma Walk. (aeneiscapus Thn.)—Suec
Lamprotatus sp.—Suec

140. Phytomyza cineracea Hend. (in Stengelmark u. -rinde)

B: Pentapleura angustula Hal.—Dania (Sönderup)

Ch: Halticoptera sp.—Dania (Sönderup)
Stenomalina (Stenomalus) muscarum L.—Dania (Sönderup)

141. Phytomyza cinerea Mg. (Hend.)

B: Dacnusa incerta Gour.—Gall

(Phytomyza cinerella Mg.) = primulae R.D.

142. Phytomyza cirsicola Hend.

Ch: Chrysocharis punctifrons Thn.—Germ: Bayern

143. Phytomyza cirsii Hend.

B: Toxelea (Dacnusa) spinifer Nix.—Brit

144. Phytomyza conopodii Herg.

B: Toxelea umbellina Nix.—Brit

145. Phytomyza continua Hend. (in Wurzelstock u. etiolierten Blättern)

B: Dacnusa leptogaster Hal.—Helvetia: Genf

146. Phytomyza conyzae Hend.

B: Dacnusa ovalis Marsh.—Brit
Pachysema (Dacnusa) ocyrae Nix.—Brit—a. Inula squarrosa
Rhizarcha (Dacnusa) maculipes Thn.—Brit
— — pubescens Curt.—Germ

Ch: Chrysocharis albicans Del.—Germ
— syma Walk.—Bayern
Chalcidid. indet.—coll. Hendel(Wien)

147. Phytomyza corvimontana Her.

B: Pachysema melicerta Nix.—Brit

148. Phytomyza crassiseta Zett. (veronicae Kltb.)

B: Dacnusa amasis Nix.—Brit
— lugens Hal.—Dania (Sönderup)
Orthostigma sp.—Germ (Schütze-Roman)
Pachysema (Dacnusa) turissa Nix.—Brit
Rhizarcha (Dacnusa) maculipes Thn.—Brit

Ch: Chrysocharis punctifrons Thn.—Bayern: München
— syma Walk. (aeneiscapus Thn.)—Bayern: München
Lamprotatus pilicornis Thn.—Suec
Chalcidid. indet.—coll. Hendel (Wien)

149. Phytomyza diversicornis Hend. (in Stengelrinde)

B: Opius rotundiventris Thn.—Dania (Sönderup)

(Phytomyza elegans Mg.) = Napomyza

150. Phytomyza facialis Kltb.

Ch: Chalcidid. indet.—coll. Hendel (Wien)

151. Phytomyza fulgens Hend.

B: Rhizarcha (Dacnusa) laevipectus Thn.—Brit

Ch: Chrysocharis albicans Del.—Bayern

(Phytomyza geniculata Mcq.) = atricornis Mg.

152. Phytomyza gentianae Hend.

B: Dacnusa dagda Nix.—Brit

(Phytomyza glechomae Kltb.) = Napomyza
(— harlemensis Weyenb.) = Napomyza xylostei Kltb.

153. Phytomyza heliosciadii Kltb.

B: Dacnusa heliosciadii Frst.—Germ

154. Phytomyza hellebori Kltb.

B: Braconid. indet.—coll. Hendel (Wien)

155. Phytomyza hendeli Her.
Ch: Derostenus sp.—Suec

(Phytomyza hendeliana Her.) = Phytagromyza
(— hepaticae Frfld.) = abdominalis Zett.

156. Phytomyza heringiana Hend. (Agromyza)
Ch: Chalcidid. indet.—Germ

(Phytomyza horticola Gour.) = atricornis Mg.

157. Phytomyza ilicis Curt. (aquifolii Gour.)
B: Dacnusa chereas + Gour.—Gall (P. aquifolii)
— maculata Gour.—Ital
Opius ilicis Nix.—Brit, Germ, Irland
Ch: Asaphes (Cyrtogaster) vulgaris Walk.—Brit
Chrysocharis (Entedon) syma Walk.—Brit, Germ
Closterocerus trifasciatus Westw.—Brit
Entedon latreillei Walk.—Brit, Gall
Epilampsis (Chrysocharis) gemma Walk.—Brit, Germ
Mesopolobus (Amblymerus) amoenus Walk.—Brit
(Eutelus sp. vic. dilectus Walk.)
Pleurotropis amyntas Walk.—Brit
Sphegigaster flavicornis Walk.—Brit
Tetracampe sp. vic. nemocera Masi—Brit

(Phytomyza jannonei Seg.) = Phytagromyza dianthicola Vent.
(— lappae R.D.) = lappina Gour.

158. Phytomyza lappina Gour. (lappae R.D.)
B: Dacnusa rufipes Nees—Europ (P. lappae)
Pachysema (Dacnusa) ocyrae Nix.—Brit
Rhizarcha (Dacnusa) maculipes Thn.—Brit
Ch: Chrysocharis albula Del.—Suec (+ P. lappae)
(Derostenus petiolatus Thn.)
Diglyphus isaea Walk. (Solenotus viridis Frst.)—Suec (P. lappae)
Halticoptera patellana Dalm.—Suec (P. lappae)
Miscogaster gracilipes Thn.—Suec (P. lappae)

159. Phytomyza laserpitii Hend. (fals.: lasperti)
B: Dacnusa tarsalis Thn.—Germ

(Phytomyza lateralis Fall.) = Napomyza
(— lateralis Mcq.) = sonchi R.D.
(— lonicerae Bri.) = Phytagromyza xylostei R.D.

160. Phytomyza luzulae Her.

B: Nosopaeus sp.—Germ (Schütze-Roman)

(Phytomyza maculipes Zett.) = ranunculi Schrk.

161. Phytomyza matricariae Hend. (anthemidis Hg.)

Ch: Chrysocharis (Derostenus) punctiscapus Thn.—Suec
Lamprotatus gracilis Thn.—Suec

162. Phytomyza melana Hend. (obscuripes Hend.)

B: Dacnusa credne Nix.—Brit
— resa Nix.—Brit
Toxelea umbellina Nix.—Brit

163. Phytomyza milii Kltb.

B: Dacnusa aphanta Marsh.—Brit
Rhizarcha (Dacnusa) areolaris Nees.—Brit

164. Phytomyza minuscula Gour. (Phytagromyza)

B: Dacnusa tessula Fall.—Germ (Phytagromyza)
Pachysema (Dacnusa) aquilegiae Marsh.—Brit, Germ
Perilitus (Meteorus) ambiguus Rtzbg.—(Rondani)
Rhizarcha (Dacnusa) areolaris Nees.—Europ

Ch: Chrysocharis punctifrons Thn.—Suec
Entedon capronius Gour.—(Rondani)

165. Phytomyza nervi Groschke

Ch: Telepsogos (Lamprotatus) berani Del.—ObOesterr.

166. Phytomyza nigra Mg.

B: Dacnusa aphanta Marsh.—Brit
Rhizarcha (Dacnusa) areolaris Nees—Brit
— — maculipes Thn.—Brit, NOesterr.

Ch: Hemiptarsenus unguicellus Zett.—Europa: ČSR

(Phytomyza nigricans Mcq.) = Napomyza xylostei Kltb.
(— nigricornis Mcq.) = affinis Fall.

167. Phytomyza obscura Hend.

B: Dacnusa nana Nix.—Brit
Opius xylostei Marsh.—Germ

Ch: Chrysocharis syma Walk.—Bayern: München

168. Phytomyza obscurella Fall.

B: Aphidius rufus Gour.—(Rondani)
Coelinius festus Gour.—(Rondani)

Opius sbg. Allotypus sp.—Germ. (Schütze-Roman)
Dacnusa incerta Gour.—(Rondani)
Rhizarcha (Dacnusa) areolaris Nees—Brit
— laevipectus Thn.—N&MEurop: Brit
Toxelea (Dacnusa) bellina Nix.—Brit
— — umbellina Nix.—Brit

Ch: Chrysocharis plana Del.—Suec
(misdet. Derostenus crassiscapus Thn.)
Chrysocharis (Derostenus) punctiscapus Thn.—Suec
— — filicornis Thn.—Suec
Gitognathus nitidus Del.—Germ
Heptomerus caeruleonitens Rond.—Ital
— viridulus Rond.—Ital
Necremnus leucarthros Nees.—Suec
Pleurotropis cribrifrons Thn.—Austria (Ruschka)

(Phytomyza obscuripes Hg.) = melana Hend.

169. Phytomyza orobanchia Kltb. (in Stengel u. Samen)

B: Bracon sp.—Germ

Ch: Sphegigaster orobanchiae Kurdj.—Russl
Tetrastichus atratulus Nees.—Russl
— crassinervis Thn.—Russl
— vinulae Thn. (tibialis Kurdj.)—Russl

170. Phytomyza pastinacae Hend.

B: Toxelea bellina Nix.—Brit

Ch: Glyphognathus umbelliferae Grah.—Brit, Schottland

171. Phytomyza periclymeni de Meij.

B: Dacnusa lateralis Hal.—Germ
Opius palli(di)pes Wsm.—Dania (Sönderup)
Rhizarcha (Dacnusa) maculipes Thn.—Brit

Ch: Chrysocharis syma Walk.—Bayern: München, Suec
(misdet. Ch. aeneiscapus Thn.)
Chalcidid. indet.—Dania (Sönderup)

172. Phytomyza petöi Her.

B: Rhizarcha (Dacnus) maculipes Thn.—Brit

Ch: Chrysocharis syma Walk.—Bayern: München

173. Phytomyza pimpinellae Hend.

B: Rhizarcha (Dacnusa) laevipectus Thn.—Brit

(Phytomyza pisi Kltb.) = atricornis Mg.

174. Phytomyza plantaginis R.D.

B: Dacnusa drempta Hal.—Europ
Opius ochrogaster Wsm.
Pachysema discolor Frst.—Brit
Rhizarcha (Dacnusa) areolaris Nees.—Europ
— — maculipes Thn.—Brit
— — stramineipes Hal.—Dania (Sönderup)

Ch: Chrysocharis syma Walk.—Bayern
— (Derostenus) punctiscapus Thn.—Suec
Diglyphus isaea Walk.—Suec
(Solenotus viridis Frst.)
Entedon gratus Gour.—Gall
Pnigalio (Eulophus) pectinicornis L.—Suec

(Phytomyza populi Kltb.) = Phytagromyza

175. Phytomyza prenanthidis Hg.

B: Opius xylostei Marsh.—Germ

176. Phytomyza primulae R.D. (cinerella Mg., Phytagromyza)

B: Antrusa (Dacnusa) melanocera Thn.—N&MEurop: Germ (P. cinerella) (+ Phytagromyza)
Aphidius rufus Gour.—Gall
Coelinius festus Gour. (fals.: futus)—Gall (+ Phytagromyza)
Dacnusa incerta Gour.—Gall (+ P. cinerella)
Opius punctiventris Thn.—Europ
Pachysema (Dacnusa) discolor Marsh. (Chorebus)—N&MEurop: Brit (Liposcia)
— cercides Nix.—Brit, Helvet, Suec
Rhizarcha (Dacnusa) maculipes Thn.—Brit

Ch: Derostenus sp.—Austria, Suec
Chalcidid. indet.—coll. Hendel (Wien)

177. Phytomyza pubicornis Hend.

Ch: Chrysocharis viridicoxis Frst.—Suec

178. Phytomyza ramosa Hend.

B: Dacnusa tanis Nix.—Brit
Pachysema metula Nix.—Brit
Rhizarcha (Dacnusa) areolaris Nees.—Bfit
— — pubescens Curt.—Brit
Toxelea spinifer Nix.—Brit

Ch: Chrysocharis (Derostenus) punctiscapus Thn.—Suec

179. Phytomyza ranunculi Schrk. (maculipes Zett.)

B: Colastes (Exothecus) braconius Hal.
Opius breviscapus Thn.

Pahchysema melicerta Nix.—Brit
Rhizarcha (Dacnusa) areolaris Nees.—Germ
— — laevipectus Thn.—N&MEurop: Brit (+ P maculipes)
— — maculipes Thn.—Brit

Ch: Chrysocharis punctifrons Thn.—Bayern: München, Suec (misdet. Ch. heterotomus Thn.)
Chrysocharis syma Walk.—Bayern: München
Miscogaster elegans Walk.—Germ

180. Phytomyza ranunculi Schrk. var. albipes Her.

B: Rhizarcha (Dacnusa) areolaris Nees.—Germ
— — gilvipes Hal.—Germ
— — maculipes Thn.—Germ (Schütze-Roman)

Ch: Entedon cyrinus Gour.—Gall
Halticoptera citrilibius Rond.—Ital (Chrysolampus, Sphegigaster)
Pleurotropis flaviscapus Thn.—Germ

181. Phytomyza ranunculi Schrk. var. flava Fall.

B: Exothecus flavitarsis Thn.—Europ (Fahringer)
Rhizarcha (Dacnusa) maculipes Thn.—Germ (Schütze-Roman)

Ch: Entedon cyrinus Gour.—Gall
Halticoptera citrilibius Rond.—Ital (Chrysolampus, Sphegigaster)

182. Phytomyza ranunculi Schrk. var. praecox Mg.

B: Rhizarcha (Dacnusa) gilvipes Hal.—Brit, Suec
Chalcidid. indet.—Ital
Ichneumonid. indet.—Ital

183. Phytomyza ranunculivora Her.

B: Pachysema melicerta Nix.—Brit

(Phytomyza rydéni Her.) = Napomyza

184. Phytomyza rufipes Mg.

B: Chorebus (Gyrocampa) affinis Nees.—(Hedwig)
Dacnusa mucronata Teleng.—Germ, Schlesien
— thusa Nix.—Brit—a. Brassica
Rhizarcha (Dacnusa) areolaris Nees—Germ, Schlesien, Schleswig-Holstein
Rhizarcha (Dacnusa) pubescens Curt.—Germ: Mecklenburg
— — stramineipes Hal.—Brit

Ch: Halticoptera flavicornis Spin.—Germ
Pleurotropis flaviscapus Thn.—Germ, Schleswig-Holstein

185. Phytomyza scabiosae Hend.

B: Dacnusa sp.—Brit

186. Phytomyza scolopendri R.D.

B: Dacnusa punctum Gour.—Gall
Opius sp.—(Hedwig)
Ch: Entedon lepidus Gour.—Gall

187. Phytomyza scotina Hend.

Ch: Miscogaster elegans Walk.—Germ

188. Phytomyza sedi Kltb.

Ch: Halticoptera (Dicyclus) cerealis Merc.—Germ

189. Phytomyza sedicola Her.

Ch: Halticoptera petiolata Thn.—Suec
Miscogaster gracilipes Thn.—Suec
Stictomischus sp.—Suec

190. Phytomyza senecionis Kltb. (Agromyza, Domomyza)

B: Dacnusini sp.—Germ (Domomyza)
Nosopaeus sp. — Germ (Schütze-Roman)
Opius xylostei Marsh.—Germ
Rhizarcha (Dacnusa) areolaris Nees.—Germ (Schütze-Roman)
— — gilvipes Hal. (albilabris Thn.)—Germ

191. Phytomyza sii Her. (berulae Her.)

Ch: Stictomischus sp.—Suec

192. Phytomyza silai Her.

B: Priapsis dice Nix.—Brit

193. Phytomyza smyrnii Spenc.

B: Toxelea umbellina Nix.—Brit

194. Phytomyza solidaginis Hend.

B: Opius breviscapus Thn.
— xylostei Marsh.—Germ
Ch: Lamprotatus ?parviclava Thn.—Suec
— pilicornis Thn.—Suec
— sp.—Suec

195. Phytomyza sonchi R.D. (lateralis Mcq., sonchina Her.)

B: Dacnusa flavipes Gour.
Opius xylostei Marsh.—Germ
Toxelea bellina Nix.—Brit
Ch: Entedon gracilis Gour.—Gall
Miscogaster elegans Walk.—Germ

(Phytomyza sönderupi Her.) = Phytobia

195a. Phytomyza spp.

B: Alysia spp.—Germ (Bri.)
Aphidius rufus Gour.—(Rondani)
Colastes (Exothecus) braconius Hal.—Gall, Germ
Nosopaeus clarus Hal.—Germ—a. Anemone nemorosa
— polyzonius Wsm.—Germ (Schütze-Roman)
Opius phytomyzae M. Fisch.—Suec
— similiformis M. Fisch.—Suec
Orthostigma pumilum Nees—Ungarn
Rhizarcha (Dacnusa) areolaris Nees—Dania
— — laevipectus Thn.—NEurop (+ Napomyza)

Ch: Chrysocharis albicans Del.—Suec (+ Napomyza)
— sp.—
Diglyphus isaea Walk. (Solenotus viridis Frst.)—Russl—a. Caragana
Eutelus semiclavatus Rtzbg. (Pteromalus)—Germ (Bri.)
Halticoptera (Sphegigaster) citrilibius Rond. (fals.: citritibius)
— (Pachylarthrus) flavicornis Spin.— Germ (Bri.), Suec
Pleurotropis flaviscapus Thn.—Germ—a. Daucus carota
Stictomischus sp.—Suec
Systole albipennis Walk.—Brit, Helvet, Suec—Phytophag!

Cy: Diglyphosoma phytomyzae Kieff.—Gall—a. Bellis perennis u. Clematis vitalba
Microstilbe excavata Kieff.—Gall—a. Sambucus

P: Polypeza försteri Kieff. var. nov.—Austria ex Phytomyza sp. nov. in Stengel v. Clematis recta

196. Phytomyza spondylii R.D. (sphondylii auct.)

B: Rhizarcha (Dacnusa) laevipectus Thn.—Brit
Toxelea (Dacnusa) bellina Nix.—Brit

Ch: Glyphognathus umbelliferae Grah.—Brit
Lamprotatus sp.—Suec
Pleurotropis flaviscapus Thn.—Germ

197. Phytomyza succisae Her.

B: Opius diversus Szepl.—Germ

198. Phytomyza symphyti Hend. (Agromyza albomaculata Vim., leucomaculata Vim.)

B: Dacnusa nana Nix.—Brit
— sp.—Brit
Rhizarcha (Dacnusa) maculipes Thn.—Brit

Ch: Chrysocharis punctifacies Del.—Bayern
— punctifrons Thn.—Bayern: München
— seiugata Del.—Bayern
— syma Walk.—Bayern: München

(Phytomyza syngenisiae Mg.) = atricornis Mg.

199. Phytomyza tanaceti Hend.
B: Opius palli(di)pes Wsm.—Europ
Ch: Chrysocharis (Derostenus) punctiscapus Thn.—Suec

200. Phytomyza tetrasticha Hend.
B: Dacnusa dirempta Hal.—Dania (Sönderup)

201. Phytomyza thalictricola Hend.
B: Pachysema (Dacnusa) sp. vic. turissa Nix.—Brit

202. Phytomyza thysselini Hend.
B: Opius nowakowskii M. Fisch.—Polen

203. Phytomyza thysselinivora Her. sive Agromyza nigripes Mg.
Ch: Pleurotropis flaviscapus Thn.—Germ

(Phytomyza tridentata Löw) = Phytagromyza

204. Phytomyza trolliivora Her.
B: Acoelius (Adelius) viator Frst. var. nigripes Fahringer—Dania (Sönderup)

(Phytomyza veronicae Kltb.) = crassiseta Zett.

205. Phytomyza veronicicola Her.
B: Dacnusa lateralis Hal.—(Hedwig)

206. Phytomyza vitalbae Kltb.
B: Rhizarcha (Dacnusa) laevipectus Thn.—Brit

(Phytomyza xylostei Kltb.) = Napomyza
(— xylostei R.D.) = Phytagromyza
(Poëmyza) = Phytobia lateralis Mcq.
(Poëmyza) = Phytobia pygmaea Mg.

207. Prionimera cognata Wied. (Acidia)—Trypetid.
B: Dapsilarthra (Adelurola) florimela Hal.—N&MEurop

208. Psila rosae F.—Psilid.—(in der Wurzelrinde)
B: Alysia sp.—Ital
Aphaereta minuta Nees (?cephalotes Hal.)—Brit
Dacnusa gracilis Nees (postica Hal.)—N&MEurop: Brit, Gall, Germ, Helvet, Norwegen
— sp.—Brit, Russl
Dapsilarthra (Adelurola, Adelura, Alysia) apii Curt.—Germ
Rhizarcha (Dacnusa) senilis Nees.—Germ

Cy: Rhynchacis nigra Htg. (Kleidotoma)—Brit, Germ
P: Leptacis (Basalys, Loxotropa) tritoma Thn.—Germ—auch hyper v. Rhizarcha (Dacnusa) senilis

209. Scaptomyza flaveola Mg. (flava Fall., Scaptomyzella)—Drosophilid.

B: Microgaster cinctipes Wlkn.—Germ
Pachysema (Dacnusa) temula Hal.—Brit, Helvet, Schleswig-Holstein
Ch: Asaphes vulgaris Walk.—Helvetia
(Cyrtogaster, Cryptogaster)
Callitula elongata Thn.—Ital
— sp.—Ital
Chrysocharis (Derostenus) petiolatus Thn.—Austria: Tirol, Gall, Helvet, Suec
Derostenus sp.—Suec
Halticoptera flavicornis (Spin.) Thn.—Suec
— ?patellana Dalm.—Helvet
Pleurotropis flaviscapus Thn.—Schleswig-Holstein
Pteromalini indet.—Ital
P: Conostigmus (Ceraphron) niger Curt.—Germ

210. Scaptomyza graminum Fall. (incana Mg., Scaptomyzella)

B: Dacnusini indet.—Germ
Opius apiculator Nees—Germ
Rhizarcha (Dacnusa) areolaris Nees—Europ
— — lestes Nix.—Brit (S. incana)

(Scaptomyza incana Mg.) = graminum Fall.
(Scaptomyzella flava Fall.) = Scaptomyza flaveola Mg.
(Stemnocera, Stemonocera abrotani Mg.) = Vidalia cornuta Scop.
(Tephritis onopordinis Fb.) = Philophylla heraclei L.
(Trilobomyza flavifrons Mg.) = Phytobia
(— labiatarum Hend.) = Phytobia
(— verbasci Bcé.) = Phytobia
(Trypeta centaureae Fb.) = Philophylla heraclei L. sbsp. centaureae Fb.
(— heraclei L.) = Philophylla

211. Trypeta zoë Mg.—Trypetid.

Ch: Xestomnaster (Lamprotatus) parkeri Del.—Brit, Germ—a. Adenostyles

212. Tylomyza pinguis Fall. (Agromyza, Ophiomyia)

B: Dacnusa leptogaster Hal.—Belg (Agromyza + Napomyza lateralis)
Ch: Stenomalina (Stenomalus) muscarum L.—Belg

213. Vidalia cornuta Scop. (Stemnocera, Stemonocera abrotani Mg.)—Trypetid.

B: Opius geniculatus Thn.—Germ (Schütze-Roman)

ANHANG (A):
Dipteren-Blattminierer indet.
— mit Pflanzenangabe:

a) Actaea sp.-Ch: Stictomischus miniatus Del.—Austria
b) Anemone hepatica-Ch: Telepsogos (Lamprotatus) berani Del.—Austria
c) Aruncus sylvester-Ch: Stictomischus cumatilis Del.—Austria
d) Atriplex hastatum-B: Opius nitidulator Nees—Germ
e) Beta vulgaris = Zuckerrübe-B: Opius pseudonitidus Fahrg.—Bulgarien
f) Brassica oleracea = Kohl-B: Dacnusa minuta Teleng.—Sibirien
g) Chenopodium sp.-B: Opius nitidulator Nees—Germ
h) Gramineae (Gräser)—„Kleine Dipterenmine"-Ch: Diaulinopsis (Cycloscapus) arenaria Erd.—Ungarn
i) Humulus sp.-J: Nemeritis moderator L (Phaedroctonus) cremastoides Hgn.—Germ
k) Phragmitis sp.-B: Symphya sp.-Dania
l) Populus sp.-Ch: Ageniaspis (Encyrtus) atricollis Dalm.—(Gir.—Laboulb.)
m) Ranunculus repens-Ch: Pleurotropis flaviscapus Thn.—Gall
n) Sambucus nigra-Ch: Pleurotropis flaviscapus Thn.—Germ
o) Spinacia oleracea = Spinat-B: Opius (Therobolus) ruficeps Wesm.—Germ
p) Umbelliferae-Ch: Halticoptera patellana Dalm.—Suec.

— ohne Pflanzenangabe:

q) — Kentema n.g.-Del. 1959—Germ
Skeloceras n.g. Del. 1959—Germ
Xestomnaster n.g.-Del. 1959 (Lamprotatus)—
r) Blattminierer ? ob Dipteron-Ch: Cirrospilus thasus Walk.—Germ.

I. BRACONIDAE:
47 gen.—211 spp.

1a) Artenvielfalt der Braconidae

spp. Genera

57 — Opius
48 — Dacnusa
10 — Pachysema
8 — Chorebus
— Rhizarcha
6 — Bracon
5 — Microgaster
— Phaenocarpa
— Toxelea
4 — Alysia
— Apanteles
— Aspilota
— Coelinius
— Colastes
3 — Nosopaeus
2 — Ademon
— Blacus
— Dapsilarthra
— Gyrocampa
— Microbracon
— Orthostigma
— Pentapleura
— Triaspis

1 — alle übrigen

1b) Wirtevielfalt der Braconidae

W.

28 — Rhizarcha areolaris
23 — Rhizarcha maculipes
14 — Colastes braconius
12 — Rhizarcha laevipectus
10 — Opius palli(di)pes
— sp.
9 — Dacnusa sp.
— Phaenocarpa
8 — Ademon decrescens
— Dacnusa lateralis
7 — Antrusa melanocera
— Nosopaeus polyzonius
— Opius ochrogaster
— xylostei
— Rhizarcha stramineipes
— Toxelea bellina
— umbellina
6 — Alysia truncator

W.

— Chorebus uliginosus
— Nosopaeus sp.
— Opius rufipes

5 — Dacnusa incerta
— — leptogaster
— Pachysema discolor
— turissa

4 — Alysia sp.
— Chaenusa conjungens
— Dacnusa drempta
— flavipes
— misella
— rufipes
— Opius carbonarius
— irregularis
— Opius reconditor
— Pachysema aquilegiae
— temula
— tristis

3 — Aphidius rufus
— Dacnusa albipes
— deione
— ovalis
— tarsalis
— Opius cingulatus
— nitidulator
— ruficeps
— spinaciae
— Orthostigma pumilum
— Pachysema abdita
— melicerta
— Rhizarcha gilvipes
— pubescens
— Toxelea hera

2 — Aphaereta minuta
— Bracon discoideus
— Chorebus najadum
— natator
— Coelinius festus
— Dacnusa aphanta
— chereas
— vic. daimenes
— gracilis
— lugubris
— maculata
— nana
— rondanii
— Hygroplitis rugulosa

— Microgaster rufipes
— Nosopaeus clarus
— Opius ambivius
— breviscapus
— caesius
— campanariae
— confusus
— fulgidus
— fulvicollis
— posticatae
— pumilio
— reptantis
— testaceus
— Orthostigma sp.
— Pachylomma buccatum
— Pachysema ocyrae
— sp.
— Phaenocarpa flavipes
— ruficeps
— Rhizarcha lestes
— senilis
— Toxelea spinifer

1 — alle übrigen

II. CHALCIDIDAE:
60 gen.—137 spp.

1a) Artenvielfalt der Chalcididae:

spp. Genera

20 — Chrysocharis
12 — Entedon
8 — Halticoptera
— Stictomischus
— Tetrastichus
5 — Lamprotatus
— Miscogaster
4 — Pleurotropis
3 — Closterocerus
— Stenomalina
— Telepsogos
2 — Callitula
— Cirrospilus
— Diglyphus
— Elachertus
— Epilampsis
— Eupelmus
— Gitognatus
— Heptomerus
— Sphegigaster
1 — alle übrigen

1b) Wirtevielfalt der Chalcididae:
W.

15 — Chrysocharis punctifrons
13 — Chrysocharis syma
11 — Chrysocharis punctiscapus
10 — Pleurotropis flaviscapus
9 — Derostenus sp.
8 — Chrysocharis albicans
— Micogaster gracilipes
7 — Diglyphus isaea
6 — Chrysocharis filicornis
— Halticoptera flavicornis
— patellana
— Lamprotatus sp.
— Stictomischus
5 — Asaphes vulgaris
— Chrysocharis heterotomus
— Stenomalina muscarum
4 — Chrysocharis albula
— seiugata
— sp.
— viridicoxis
— Miscogaster elegans
— Polycystus clavicornis
— Solenotus sp.
3 — Atoposomoidea vittatus
— Chrysocharis seiuncta
— Eulophus sp.
— Halticoptera citrilibius
— Lamprotatus pilicornis
— splendens
— Pleurotropis sp.
2 — Achrysocharis formosus
— Bothriothorax clavicornis
— Chrysocharis petiolatus
— plana
— pubens
— Dibrachys cavus
— Enaysma chrysostoma
— Entedon capronius
— cyrinus
— gracilis
— latreillei
— sp.
— Eutelus semiclavatus
— Glyphognathus umbelliferae
— Habrocytus sp.
— Halticoptera sp.
— Hemiptarsenus unguicellus
— Heptomerus coeruleonitens
— viridulus
— Lamprotatus chrysochlorus
— gracilis

— Myiomisa microscopica
— Pediobius metallicus
— Pnigalio pectinicornis
— Sphegigaster
— Telepsogos berani
— Tetrastichus brevicornis
— xanthops
— Trichogramma evanescens

1 — alle übrigen

III. CYNIPIDAE:
10 gen.—16 spp.

1a) Artenvielfalt der Cynipidae

spp.	Genera
4	— Eucoila
3	— Microstilbe
2	— Figites
1	— alle übrigen

1b) Wirtevielfalt der Cynipidae
W.
4 — Eucoila anomala
1 — alle übrigen

IV. ICHNEUMONIDAE:
10 gen.—12 spp.

a) Artenvielfalt der Ichneumonidae

spp.	Genera
2	— Horogenes
	— Phygadeuon
1	— alle übrigen

b) Wirtevielfalt der Ichneumonidae
W.

3 — Phygadeuon pegomyiae
2 — Phygadeuon detestator
— Stilpnus gagates

1 — alle übrigen

V. PROCTOTRUPIDAE:
6 gen.—7 spp.

a) Artenvielfalt der Proctotrupidae
2 spp.—Trichopria
b) Wirtevielfalt der Proctotrupidae
2 W.— Trichopria cilipes

VI. DIPTERA:
2 gen.—2 spp.

sp.	W.	
1	1	— Melanophora roralis—ex Muscid.
1	1	— Siphona cristata—ex Muscid.

EX AGROMYZIDAE:

W.

28 — Rhizarcha (areolaris)-B
23 — — maculipes-B
15 — Chrysocharis punctifrons-Ch
14 — Colastes braconius-B
13 — Chrysocharis syma-Ch
12 — Rhizarcha laevipectus-B
11 — Chrysocharis punctiscapus-Ch
9 — (Pleurotropis flaviscapus)-Ch
8 — Chrysocharis albipes-Ch
— Miscogaster gracilipes-Ch
— (Derostenus sp.)-Ch
7 — Antrusa melanocera-B
— Nosopaeus polyzonius-B
— Opius xylostei-B
— Toxelea bellina-B
— — umbellina-B
— Diglyphus isaea-Ch
6 — (Rhizarcha stramineipes)-B
— Chrysocharis filicornis-Ch
— Halticoptera patellana-Ch
— Stictomischus sp.-Ch
5 — Dacnusa incerta-B
— Pachysema turissa-B
— Chrysocharis heterotomus-Ch
— (Halticoptera flavicornis)-Ch
4 — Dacnusa dirempta, -B
— misella
— Opius reconditor-B
— Chrysocharis albula-Ch
— seiugata
— viridicoxis
— Solenotus sp.-Ch
— Stenomalina muscarum-Ch-hyper
— Asaphes vulgaris-Ch-hyper
3 — Aphidius rufus-B
— Dacnusa albipes-B
— deione
— ovalis
— tarsalis
— Orthostigma pumilum-B
— Pachysema abditum-B
— melicerta
— Rhizarcha gilvipes-B
— pubescens
— Toxelea hera-B
— Chrysocharis seiuncta-Ch
— Cirrospilus vittatus-Ch
— Eulophus sp-Ch
— Halticoptera citrilibius-Ch
— Pleurotropis sp.-Ch
2 — Coelinius festus-B
— Dacnusa aphanta-B
— chereas, lugubris, nana, rondanii,
— Microgaster rufipes-B
— Nosopaeus clarus-B
— Opius ambivius, breviscapus, campanariae posticatae, reptantis-B
— Pachylomma buccatum-B
— Pachysema ocyrae-B
— Rhizarcha lestes-B
— Toxelea spinifer-B
— Achrysocharis formosa-Ch
— Chrysocharis plana, pubens-Ch
— Enaysma chrysostoma-Ch
— Entedon capronius, cyrinus, gracilis, latreillei-Ch
— Eutelus semiclavatus-Ch
— Glyphognathus umbelliferae-Ch
— Heptomerus coeruleonitens, viridulus-Ch
— Polysystus clavicornis-Ch
— Pediobius metallicus-Ch
— Pnigalio pectinicornis-Ch
— Telepsogos berani-Ch
— Tetrastichus xanthops-Ch
— Trichopria cilipes-P

EX EPHYDRIDAE:

6 — (Ademon decrescens)-B
4 — Chaenusa conjungens-B
— (Chorebus uliginosus)-B
2 — Chorebus najadum, natator-B
— Opius caesius-B

EX ITONIDIDAE:

2 — Myiomisa microscopica-Ch

EX MUSCIDAE:

4 — Opius carbonarius-B
— Phaenocarpa ruficeps-B
— Eucoila anomala-Cy
3 — Lamprotatus splendens-Ch
2 — Opius fulgidus, fulvicollis, testaceus-B
— Phaenocarpa ruficeps-B
— Bothriothorax clavicornis-Ch
— Trichogramma evanescens-Ch
— Phygadeuon detestator-I
— (pegomyiae)-I
— Stilpnus gagates-I

ex TRYPTIDAE >PSILIDAE
2 — (Dapsilarthra)-B

Anm.: ( ) = vornehmlich, aber nicht ausschliesslich]

Hyperparasiten

Ch: Asaphes vulgaris—von Coelinius niger
Stenomalina micans—von ?
— muscarum—von Coelinius niger

P: Ceratopria lacustris—von Braconidae
Leptacis tritoma—von Rhizarcha senilis

Grösste Parasiten-vielfalt ex Phytomyza atricornis Mg.: 34 spp.

Der Wirte-reihe Anteil III

HYMENOPTERA

TENTHREDINIDAE: 7 gen.—17 spp.

Übersicht:

sbfam.: Fenusinae—5 gen.		Wirtsnummer
	Fenusa—3 spp.	1—3
	Fenusella—4 spp.	4—7
	Messa—1 sp.	14
	Parna—1 sp.	15
	Scolioneura—2 spp.	16, 17
sbfam.: Heterarthrinae—2 gen.		
	Heptamelus—1 sp.	8
	Heterarthrus—5 spp.	9—13

Artenvielfalt der Genera

spp.	
5 —	Heterarthrus (Phyllotoma)
4 —	Fenusella
3 —	Fenusa
2 —	Scolioneura
1 —	alle übrigen

TENTHREDINIDAE. Wirtsliste mit Parasiten.

(Blennocampa) siehe Parna tenella Kl.
Scolioneura betuleti Kl.
(Emphytus melanopygus Kl.) = Heterarthrus vagans Fall.
(Entodecta pumila Kl.) = Fenusa pusilla Lep.
(— pusilla Lep.) = Fenusa

1. Fenusa dohrni Tischb. (Kaliosysphinga, nigricans Thn.) = Fenusinae

I: Itoplectis (Pimpla) alternans Grv—Germ (Kaliosysphinga)
?Lathrolestes ungularis Thn.—Suec. (nigricans)
Synaeteris albicoxis Schmdkn.—Europ

(Fenusa pumila Kl.) = pusilla Lep.
(— pumilio Knw.) = Fenusella thomsoni Knw.

2. Fenusa pusilla Lep. (pumila Kl., Entodecta, Kaliosysphinga, Metallus, Phaenusa rubi Boie)

B: Ichneutes brevis Wsm.—Gall, Germ
Phanomeris dimidiatus Nees—Europ: Belg, Brit, Gall, Germ, Ital, Suec
(Colastes catenator Hal.) (+ Phaenusa rubi, pumilio)
Phanomeris phyllotomae Muesb.—Austria

Ch: Atoposomoidea (Cirrospilus) pictus Nees—Europ.
Chrysocharis sp.—Austria

I: Gonotypus pedella Hgn. (Limneria, Tranosema)—Gall, Germ, Suec (Bri)
Grypocentrus albipes Rthe.—Brit (pumilio)
Hemiteles areator Pz.—Germ
Itoplectis (Pimpla) alternans Grv.—Europ
Perilissus abdominalis Bri.—Germ (rubi)
— sbg. Spanotecnus filicornis Grv.—Europ
— (Laphyroscopus) pictilis Hgn.—Gall, Germ (rubi)
— verticalis Bri.—Gall, Germ
Polyblastus wahlbergi Hgn.—Gall, Germ
Scambus sagax Htg. (Ephialtes, Pimpla linearis Rtzbg.)—Germ (pumilio)
Synodites notatus Hgn.—Brit, Germ (rubi)
(Polyblastus aberrans Bri.)

(Fenusa pygmaea Kl.) = Fenusella

2a. Fenusa spp.

B: Ichneutes brevis Wsm.—Germ (Bri)

Ch: Chrysocharis sp.—
Derostenus sp.—Austria—a. Ulmus campestris

I: Grypocentrus anomalus Bri.—Germ.—a. Eichenblättern
— cinctellus Rthe.—Germ, Suec—a. Geum
— incisulus Rthe.—N&MEurop: Germ—a. Eiche
Perilissus pictilis Hgn.—N&MEurop:—a. Eichenblatt u. Ulmus
— verticalis Bri.—Germ—a. Himbeerblättern

3. Fenusa ulmi Lep. (Kaliosysphinga, Kaliofenusa)

Ch: Atoposomoidea (Cirrospilus) pictus Nees—Europ
I: Itoplectis (Pimpla) alternans Grv.—(Kaliosysphinga)
Perilisus pictilis Hgn.—Ungarn (Györfi)

(Fenusa vicina) = Scolioneura betulae Zadd.

4. Fenusella hortulana Kl. (Messa, sönderupi Her.)—Fenusinae

B: Colastes braconius Hal. (Exothecus debilis Wsm.)—Dania (Sönderup)
Diospilus robustus Reinh.—Germ
I: Ichneumonid. indet.—Dania (Sönderup)

5. Fenusella pygmaea Kl. (Fenusa, Profenusa)

I: Grypocentrus anomalus Bri.—Germ (Bri)
— incisulus Rthe.—Germ (Bri)
Perilissus (Laphyroscopus) pictilis Hgn.—Gall, Germ
Scambus sagax Htg. (Ephialtes, Pimpla linearis Rtzbg.)—Germ (Bri)

(Fenusella sönderupi Her.) = hortulana Kl.

6. Fenusella thomsoni Knw. (Fenusa pumilio Knw., Profenusa, Scolioneura)

B: Braconid. indet.—Dania (Sönderup)
I: Perilissus pictilis Hgn.—Germ
Scambus sagax Htg. (Pimpla linearis Rtzbg.)—Germ

7. Fenusella wüsteneii Knw.

I: Plectiscus tenthredinarum Gir. (Adelognathus pusillus Hgn.)

8. Heptamelus ochroleucus Steph.—Heterarthrinae

B: Bracon rugulosus Szepl.—Holl.

9. Heterarthrus aceris Kltb. (Phyllotoma)

Ch: Sympiesis sericeicornis (Nees) Frst.—Ital

10. Heterarthrus microcephala Kl. (Phyllotoma)

B: Colastes laevis Thn. (Exothecus)—Finnland
— — var. rugulosa—Finnland
I: Ctenochira (Scopiorus) sanguinatoria Rtzbg.—Finland
Holocremnus bergmanni Thn.—Germ: Pfalz (Bauer)
Horogenes (Angitia) vestigialis Rtzbg.—N&MEurop: Finnland, Gall, Germ (Bri.)
Hyposoter (Anilasta) caedator Grv.—Finnland
Perilissus (Laphyroscopus) pictilis Thn.—Brit, Gall, Germ, Suec

11. Heterarthrus nemoratus Fall. (Phyllotoma)

B: Phanomeris phyllotomae Muesb.—Austria
?Triaspis (Sigalphus) floricola Wsm.—Gall

Ch: Atoposomoidea (Cirrospilus) pictus Nees—Europ.
— vittatus Walk.—Europ.—hyper v. Phanomeris
Closterocerus (Entedon, Eulophus) sesquifasciatus Rtzbg.—Europ.
Epilampsis laricinellae Rtzbg. (Chrysocharis)—Austria
— phyllotomae Del.—Germ: Bayern
Hemiptarsenus dropion Walk.—Europ.—a. Betula
Pnigalio (Eulophus) cruciatus Rtzbg.—Europ.
Sympiesis sericeicornis Nees—Europ.
Tetrastichus (Geniocerus) xanthops Rtzbg.—Europ.

I: Gonotypus (Tranosema) pedella Hgn.—Austria
Mesoleius phyllotomae Cushm.—Austria
Scambus (Epiurus, Pimpla) brevicornis Grv.—Europ.
— foliae Cushm.—Austria

12. Heterarthrus ochropoda Kl. (Phyllotoma)

I: Horogenes (Angitia) coleophorarum Rtzbg.—Germ (Bauer)
Scambus (Epiurus) inquisitor Scop.—Finnland

12a. Heterarthrus spp. (Phyllotoma)

Ch: Chrysocharis sp.—

I: Perilissus pictilis Hgn. var. 2 Hgn.—N&MEurop—a. Salix caprea
— — var. 3 Hgn. — a. Ulmus

13. Heterarthrus vagans Fall. (Phyllotoma, Emphytus melanopygus Kl.)

Ch: Neochrysocharis (Chrysocharis) albipes Kurdj.—Gir.—Lab.

I: Ephialtes (Pimpla) inquisitor Scop.—Austria
?Holocremnus sp.—
(Horogenes (Angitia, Campoplex) cerophaga Thn.)—Brit, Suec (Emphyt. melanopygus)
= vermutl. Holocremnus sp.
Lathrolestes (Perilissus) luteolator Grv.—N&MEurop: Gall, Ungarn (Laphyroscopus gorskii Rtzbg.)
Perilissus pictilis Hgn.—Brit, Germ (Phyllotoma melanopyga)
Sagaritis latrator Schrk.—Germ, Brit, Suec (Phyllotoma melanopyga) (Limnerium assimile Grv.)
Scambus (Epiurus) inquisitor Scop.—Austria
Synaeteris albicoxis Schmdkn.—Austria (Wien), Finnland
Tranosema sp.—Germ

(Kaliosysphinga) vide Fenusa dohrni Tischb.
— pusilla Lep.
— ulmi Lep.

(Messa hortulana Kl.) = Fenusella

14. Messa nana Kl. (Scolioneura)—Fenusinae

Ch: Derostenus sp.—Austria

(Metallus) siehe Fenusa pusilla Lep.

15. Parna tenella Kl. (Blennocampa, Scolioneura, Selandria)—Fenusinae

B: ?Ascogaster rufipes Ltr.—Germ. (Blennocampa)
Triaspis (Sigalphus) floricola Wsm.—Germ (Bri) (Selandria)

I: Lathrolestes macropygus Hgn.—N&MEurop: Germ, Ungarn (Györfi)
(Perilissus soleatus Hgn.) (Selandria)

(Phaenusa rubi Boie) = Fenusa pusilla Lep.
(Profenusa pygmaea Kl.) = Fenusella
(— thomsoni Knw.) = Fenusella
(Phyllotoma) vide Heterarthrus aceris Kltb., microcephala Kl., nemorata Fall.
(— melanopyga Kl.) = Heterarthrus vagans Fall.
(— ochropoda Kl.) = Heterarthrus

16. Scolioneura betulae Zadd. (Fenusa vicina)—Fenusinae

Ch: Atoposomoidea (Cirrospilus) vittatus Walk.—Europ.
Derostenus sp.—Austria

I: Ipoctoninus (Ipoctonus) nigriceps Grv.—Gall
Lathrolestes (Perilissus) macropygus Hgn.—N&MEurop: Germ: Schleswig-Holstein
(Perilissus soleatus Hgn.)
Perilissus cingulatus Bri.—Russl
— verticalis Bri.—Germ
Polyblastus wahlbergi Hgn.—Germ
Polyselasmus frigidus Woldst.—Germ, Holl
(semiluctuosus Voll., Perilissus bicolor Bri.)

17. Scolioneura betuleti Kl. (Blennocampa, Selandria)

I: Ipoctoninus (Ipoctonus) nigriceps Grv.—Russl
Perilissus verticalis Bri.—Gall
Protarchus (Exenterus, Tryphon) sorbi (Rtzbg.) Thn.—Leon. (Blennocampa)

(Scolioneura nana Kl.) = Messa
(— tenella Kl.) = Parna
(— thomsoni Knw.) = Fenusella
(Selandria) = Parna tenella Kl.
(—) siehe Scolioneura betuleti Kl.

I. BRACONIDAE:
7. gen.—8 spp.

a) Artenvielfalt der Braconidae:
ssp.

2 — Colastes
— Phanomeris

b) Wirtevielfalt der Braconidae:
W.

2 — Ichneutes brevis
— Phanomeris phyllotomae
— Triaspis floricola

II. CHALCIDIDAE:
10 gen.—12 spp.
a) Artenvielfalt der Chalcididae:

spp.

2 — Atoposomoidea
— Epilampsis

b) Wirtevielfalt der Chalcididae:
W.

5 — Atoposomoidea
3 — Chrysocharis sp.
— Derostenus sp.
2 — Epilampsis
— Sympiesis
1 — alle übrigen

III. ICHNEUMONIDAE:
22 gen.—36 spp.

a) Artenvielfalt der Ichneumonidae:
spp.

5 — Perilissus
4 — Grypocentrus
— Scambus
3 — Horogenes
— Lathrolestes
1 — alle übrigen

b) Wirtevielfalt der Ichneumonidae:
W.

8 — Perilissus pictilis
4 — — verticalis
3 — Itoplectis alternans
— Scambus sagax
2 — Gonotypus pedella
— Grypocentrus anomalus
— incisulus
— Ipoctoninus nigriceps
— Lathrolestes macropygus
2 — Polyblastus wahlbergi
— Scambus inquisitor
— Synaeteris albicoxis
1 — alle übrigen

An bestimmte Wirtsfamilien bzw. Wirte gebunden:
ex Fenusinae: Derostenus sp.-Ch-3 W
Grypocentrus anomalus-I-2 W
— incisulus-I-2 W
Lathrolestes macropygus-I-2 W
Perilissus verticalis-I-4 W
Polyblastus wahlbergi-I-2 W
Scambus sagax-I-3 W

ex Fenusa:
Ichneutes brevis-B-2 W
Itoplectis alternans-I-3 W
ex Scolioneura:
Ipoctoninus nigriceps-I-2 W
ex Heterarthrinae:
Heterarthrus:
Scambus inquisitor-I-2 W
Sympiesis-Ch-2 W
ex Heterarthrus nemoratus:
Epilampsis-Ch-2 W

Hyperparasit

Ch: Atoposomoidea vittatus—von Phanomeris—B

Grösste Parasiten-vielfalt ex Fenusa pusilla Lep.: 16 spp.

Der Wirte-reihe Anteil IV

LEPIDOPTERA

LEPIDOPTERA: 19 fam.—52 gen.—415 spp.
Übersicht
(betrifft lediglich die hier behandelten Wirtsarten!)

Fam.	Genus	Arten-anzahl	Wirte-nummern
Coleophoridae	Coleophora	102	50—152
Cosmopterygidae (Momphidae)	Cosmopteryx	3	154—156, 188,
	Eustaintonia	1	306—313
	Mompha	8	
Douglasiidae	Tinagma	1	408
Elachistidae	Dyselachista	1	157, 159—179,
	Elachista	21	339
	Stephensia	1	
Eriocraniidae	Dyseriocrania	1	158, 181—183,
	Eriocrania	3	204
	Heringocrania	1	
Gelechiidae	Exoteleia	1	189—200, 303,
	Gelechia	1	304, 336
	Gnorimoschema	10	
	Microsetia	2	
	Recurvaria	1	
Glyphipterygidae	Millieria	1	305
Gracilariidae	Acrocercops	2	2, 3, 15, 16,
	Aspilapteryx	2	30—48, 153,
	Callisto	3	185—187, 201,
	Caloptilia	15	221—299,
	Coriscium	1	317—328
	Euspilapteryx	3	
	Gracilaria	1	
	Leucospilapteryx	1	
	Lithocolletis	80	
	Parectopa	4	
	Parornix	7	
Heliozelidae	Antispila	1	10, 11, 205
	Antispilina	1	
	Holocacista	1	
Incurvariidae	Incurvaria	6	206—211, 331
	Phylloporia	1	
Lyonetiidae	Bedellia	1	18—29,
	Bucculathrix	11	212—219,
	Leucoptera	8	300—302, 316,
	Lyonetia	3	329, 330,
	Paraleucoptera	1	409—415

Fam.	Genus	Arten-anzahl	Wirte-nummern
Lyonetiidae	Phyllocnistis	2	
	Tischeria	7	
Nepticulidae	Stigmella	67	340—406
Plutellidae	Acrolepia	6	4—9
Psychidae	Apterona	2	12, 13
Pterophoridae	Platyptilia	2	332, 333
Tineidae	Teichobia	1	407
Tortricidae	Acleris	1	1, 180, 202, 203,
	Epinotia	1	337
	Griselda	1	
	Gypsonoma	1	
	Rhopobota	1	
Yponomeutidae	Argyresthia	1	14, 17, 49, 184,
	Atemelia	1	315, 338
	Eucedestis	1	
	Ocnerostoma	1	
	Palumbina	1	
	Roeslerstammia	1	
Zygaenidae	Procris	2	334, 335

Genera-vielfalt
der Lepidopteren-Fam.

Gen. Fam.

11 — Gracilariidae
7 — Lyonetiidae
6 — Yponomeutidae
5 — Tortricidae
— Gelechiidae
3 — Eriocraniidae
— Elachistidae
— Heliozelidae
2 — Cosmopterygidae
— Incurvariidae
— Pterophoridae
1 — Coleophoridae
— Douglasiidae
— Glyphipterygidae
— Nepticulidae
— Plutellidae
— Psychidae
— Tineidae
— Zygaenidae

Artenvielfalt
der Lepidopteren-genera

spp. Genus

102 — Coleophora
80 — Lithocolletis
67 — Stigmella
21 — Elachista
15 — Caloptilia
11 — Bucculathrix
10 — Gnorimoschema
8 — Leucoptera
— Mompha
7 — Parornix
— Tischeria
6 — Acrolepia
— Incurvaria
4 — Parectopa
3 — Callisto
— Cosmopteryx
— Eriocrania

— Euspilapteryx
— Lyonetia
2 — Acrocercops
— Apterona
— Aspilapteryx
— Microsetia
— Phyllocnistis
— Platyptilia
— Procris
1 — Acleris
— Antispila
— Antispilina
— Argyresthia
— Asthenia
— Atemelia
— Bedellia
— Coriscium
— Dyselachista
— Dyseriocrania
— Eucedestis
— Eustaintonia
— Exoteleia
— Gelechia
— Gracilaria
— Griselda
— Gypsonoma
— Heringocrania
— Holocacista
— Leucospilapteryx
— Millieria
— Ocnerostoma
— Palumbina
— Paraleucoptera
— Phylloporia
— Recurvaria
— Rhopobota
— Roeslerstammia
— Scirtopoda
— Stephensia
— Teichobia
— Tinagma

LEPIDOPTERA. Wirtsliste mit Parasiten.

1. Acleris schalleriana L. (Acalla, Peronea)—Tortricid.—später in Gespinströhre.

I: Horogenes (Angitia) sp.—Brit

2. Acrocercops brogniardellum F. (Coriscium)—Gracilariid.

Ch: Sympiesis gordius Walk.—Europ.
I: Gelis monozonus Grv. (instabilis Frst.)—Russl.
— sbg. Holcogelis proximus Frst.—Russl.

3. Acrocercops hofmanniella Schleich. (Euspilapteryx, Gracilaria)

B: Apanteles fuliginosus Wsm. (Microgaster)—Germ (Bri)

4. Acrolepia arnicella Heyd.—Plutellid.

B: Orgilus flavocinctus Fahrg.—Dania (Sönderup)
I: Theroscopus (Hemiteles) incisus Bridgm.—Germ (Bauer)

5. Acrolepia assectella Z.—Furchenfrass in der Blattröhre

B: Microgaster globata Nees—Gall, Germ (ObLausitz)
Ch: Eupteromalus nidulans Frst.—Ital—hyper v. Thyraeella collaris
I: Diadromus varicolor Wsm.—Germ (Bauer)
Horogenes gracilis Bridgm. (Angitia, Limneria)—Gall
Thyraeella collaris Grv.—Germ (ObLausitz—Hedwig), Graecia, Ital

6. Acrolepia autumnitella Curt. (pygmaeana Hw.)

B: Apanteles ensiformis Rtzbg.—Brit, Germ
— imperator Wlkn.—Brit
— saltator Thbg. (tenebrosus Wsm.)—Belg, Gall, Germ (Hedwig)
— sessilis Nees (Microgaster)—Germ
I: Horogenes melanius Thn. (Dioctes, Inareolata)—Germ (ObLausitz) (Hedwig)
— (Angitia) sp.—Germ (SR)

7. Acrolepia betulella Curt.

I: Glypta bipunctoria Thbg. (flavolineata Grv)—Germ: Thüringen

8. Acrolepia cariosella Tr.—auch in Stengel u. Blütenköpfen.

B: Apanteles ensiformis Rtzbg.

9. Acrolepia granitella Tr.

B: ?Ascogaster quadridentatus Wsm.—Brit
I: Gelis monozonus Grv. (Hemiteles, Pezomachus instabilis)—Brit
Horogenes (Angitia) cylindrica Bri—Brit
Theroscopus (Pezomachus) pedestris Fb.—Brit—hyper v. Horogenes (Limneria)

(Antispila rivellei Stt.) = Holocacista

10. Antispila treitschkiella F.R.—Heliozelid.

B: Colastes braconius Hal (Exothecus)—Germ

10a. Antispila sp.

Ch: Atoposomoidea (Cirrospilus) diallus Walk.—Böhmen—a. Cornus mas
— vittatus Walk.—Europ.—a. Cornus mas

11. Antispilina ludwigi Her.—Heliozelid.

B: Apanteles xanthostigma Hal. var.—Europ.

12. Apterona crenulella Brd. f. helix Sieb. (Cochliotheca, Cochlophanes, Epichnopteryx, Psyche)—Psychid.—im Raupensack von aussen her minierend

Ch: Belaspidia (Chalcis) nigra Masi—NÖsterr., Böhmen: Prag, Graecia, Istrien
— obscura Masi—Germ
— unicolor Walk. (Haltichella, Heptacondyla)—Ital (Gir.-Lab.)
Elasmus flabellatus Fonsc.—M&SEurop.
— westwoodi Gir.—Gall, Helvet.
Eupelmella vesicularis Retz. (Eupelmus degeeri Dalm.)—Europ.
Eupelmus annulatus Nees—Austria: Wien, Germ
Habrocytus (Pteromalus) variabilis Rtzbg.—(Gir.-Lab.)

I: Campoplex sp.—Germ
Gelis monozonus Grv. (Pezomachus instabilis Frst.)—Austria
Omorgus (Campoplex) borealis Zett.—Austria: Tirol, Gal, Germ: SBayern

13. Apterona helicinella H.S. (Epichnopteryx)—wie oben

I: Campoplex helicinellae Gor.—Gall (Gir.-Lab.)

14. Argyresthia abdominalis Z.—Yponomeutid.

I: Horogenes (Angitia) fenestralis Hgn.—(Hedwig)
— — tibialis Grv.—Germ: ObLausitz (Hedwig)

15. Aspilapteryx limosella Zell.—Gracilariid.

Ch: Atoposomoidea (Cirrospilus) staryi Bouč.—Böhmen
Sympiesis (Cladosympiesis) gregori Bouč.—Böhmen

16. Aspilapteryx tringipennella Z. (Gracilaria)

B: Apanteles circumscriptus Nees (bicolor Nees)—Belg, Brit, Dania, Germ

I: Horogenes nana Grv. (Angitia, Inareolata elishae Bridgm.)—Brit
— (Inareolata) jäckhi Bauer—Dania

17. Atemelia torquatella Z.—Yponomeutid.

B: Apanteles longicauda Wsm.—Belg, Brit, Gall, Germ

I: Horogenes (Angitia) chrysosticta Gml.—Germ (Bauer)

(Batrachedra) = Eustaintonia

18. Bedellia somnulentella Z.—Lyonetiid.

B: Apanteles triangulator Wsm.—Germ: ObLausitz
I: Horogenes nana Grv. (Angitia, Inareolata elishae Bridgm.)—Brit, Germ

18a. Blattminierer indet.

a. Cornus mas u. Prunus
Ch: Atoposomoidea (Cirrospilus) subviolaceus Thn.—Böhmen
a. Populus nigra
Ch: Hemiptarsenus dropion Walk.—Europ.

19. Bucculathrix absynthii Gartn.—Lyonetiid.

I: Nythobia pusio Frst.—Germ

20. Bucculathrix artemisiae H.S. (artemisiella)

B: Apanteles (Microgaster) nanus Reinh.—Germ

21. Bucculathrix cidarella Z.—später Fenster-u. Lochfrass

I: Hemiteles pictipes Grv. var. sordipes Grv.—Germ: ObLausitz
Horogenes (Angitia) annulipes Bridgm.—Brit
— — crassa Bridgm.—Brit
I: Nythobia pusio Frst.—Germ (Bauer)

22. Bucculathrix crataegi Z. (bechsteiniella Schrfb.)—wie oben

I: Nythobia pusio Frst.—Germ

23. Bucculathrix cristatella Z.

B: Apanteles carbonarius Wsm.—Brit
— circumscriptus Nees. (fraternus Reinh.)—Brit
— comes Wlkn.—Brit

24. Bucculathrix gnaphaliella Tr.—später frei, blattunterseits, Flecke minierend

B: Microgaster leucopterus Frst.—Germ
Ch: Eulophus gnaphaliellae Frst.—Germ

25. Bucculathrix maritima Stt.—später blattunterseits Fensterfrass

B: Apanteles maritimus Wlkn.—Brit
Braconidae indet.—Dania (Sönderup)

26. Bucculathrix nigricomella Z. (aurimaculella Stt.)—später Fenster-u. Lochfrass

B: Apanteles carbonarius Wsm. (anomalus Lyle)—Brit, Dania
Blacus maculipes Wsm.—Belg, Gall

27. Bucculathrix thoracella Thbg.—später frei, Fenster-u. Lochfrass

B: Agathis (Microdus) brevicaudis Reinh.—(Hedwig)

I: Astomaspis sp.—Germ (SR)
Hemiteles melanogaster Thn.—Germ
— pallidicarpus Thn. (pallicarpus)—Germ: Rheinland (Bauer)

28. Bucculathrix ulmella Z.—wie 27

I: Astomaspis (Hemiteles) melanarius Grv.—NBöhmen (Hedwig), Germ
Hemiteles opaculus Thn.—NBöhmen (Zimmermann)
— pallidicarpus Thn.—Germ (Bauer)
Nemeritis (Phaedroctonus) ensifera Bri—NBöhmen (Hedwig)

29. Bucculathrix ulmifoliae Her.—später Fenster-u. Lochfrass

B: Apanteles circumscriptus Nees—Germ

30. Callisto coffeella Z. (interruptella, Ornix)—Gracilariid.—später frei unter schotenförm. umgeschlagener Blatthälfte

I: Horogenes nana Grv. (Dioctes, Inareolata elishae Bridgm.)—NÖsterr. (Hedwig)

31. Callisto denticulella Thbg. (Ornix guttea Hw.)—später unter umgeschlagenem Blattrand

B: Apanteles circumscriptus Nees—Finnland

Ch: Chrysocharis gutteae Frst.—Germ
Eusandalum sp.—Germ

I: Horogenes melanius Thn. (Dioctes, Inareolata)—Germ
— nana Grv. (Dioctes elishae Bridgm.)—Austria (Hedwig)

32. Callisto torquilella Z. (Ornix, Parornix)—später unter umgeschlagenem Blattrand

I: Pimpla examinator F.—Europ

33. Caloptilia alchimiella Sc. (Gracilaria frankella Hbn., swederella Thbg.)—Gracilariid.—später Wohnungswechsel

B: Apanteles circumscriptus Nees (lautellus Mrsh.)—Brit, Germ
Microgaster rufipes Nees—Europ.
— subincompletus Rtzbg.—(Rondani)

I: Ephialtes (Epiurus, Pimpla) calobatus Grv.—Germ (SR)

34. Caloptilia aurantiaca Woll. (Blastobasis)—später im Blattwickel

Ch: Sympiesis acalle Walk.—Europ.

35. Caloptilia azaleella Brants (Gracilaria azaleae Busck)—später nicht minierend

Chalcididae indet.—Germ

36. Caloptilia betulicola Her. (Gracilaria)—später in Blattrolle

B: Apanteles xanthostigma Hal.—Germ

I: Ephialtes (Pimpla) nucum Rtzbg.—Germ: Umgbg. Bremen (Bauer)

(Caloptilia cucullipennella Hb.) = Coriscium

37. vacat.

38. Caloptilia elongella L. (Gracilaria)—später in Blattrolle

B: Apanteles circumscriptus Ness (bicolor Nees)—Europ
— emarginatus Nees—NÖsterr.
— laetus Mrsh.—N&MEurop
— sp.—Germ (SR)
— xanthostigma Hal.—Slowakei
Colastes hariolator Hal.—Slowakei

I: Astomaspis (Hemiteles) conformis Gml.—Germ (SR)

39. Caloptilia falconipennella Hb. (Gracilaria)—später im umgeschlagenen Blattrand

I: Ephialtes (Pimpla) inquisitor Scop.—Germ: SBayern

40. Caloptilia fidella Rtti. (Gracilaria)—später im gerollten Blattrand

Ch: Sympiesis dolichogaster Ashm.—Ital—a. Colutea

41. Caloptilia fribergensis Fritzsche—wie 39

B: Apanteles emarginatus Nees (annularis Hal.)—Belg, Brit, Germ, Suec

42. Caloptilia minuta F.

Ch: Cleonymus depressus F.—Gall

43. Caloptilia populetorum Z. (Gracilaria)—später in Blattrolle

B: Apanteles longicauda Wsm.
— sp.—Germ (SR)

I: Colpomeria laevigata Hgn.—Belg
Itoplectis (Pimpla) alternans Grv.—Germ (SR)

44. Caloptilia purpuriella Chamb. (Gracilaria)

I: Hemiteles mandibulator Grv.—Gall

45. Caloptilia roscipennella Hb. (juglandella Mn.)—später in Blattrolle

B: Apanteles impurus Nees-NÖsterr.

Ch: Entedon methion Walk. (canaliculatus Frst.,? Sympiesis methias)—Gall (C. juglandella)

D: Phytomiptera nitidiventris var. gracilariae Hr.—Helvetia

46. Caloptilia rufipennella Hb. (Gracilaria)—später frei in Blattwohnung

B: Apanteles emarginatus Nees (annularis Hal.)—Belg, Brit, Germ, Suec.

I: Leptocryptus aereus Grv.—Germ (Hedwig)
Phytodietus segmentator Grv.—SBayern

47. Caloptilia semifascia Haw. (Gracilaria)—auch in Fruchtflügeln

B: Apanteles circumscriptus Nees (bicolor Nees, lautellus Mrsh.)—N&MEurop.: Brit, Belg, Germ
— laetus Mrsh.—(fals. lacteus)—N&MEurop.:Brit
— xanthostigmus Hal.—Brit, Gall

D: Phytompitera nitidiventris Rond.—Germ

I: Chorinaeus talpa Hal.—Brit, Germ
Stictopisthus crassipes Bri—Dania (Hedwig, Sönderup)

48. Caloptilia stigmatella F. (Gracilia, Ornix upupaenella)—später frei in Blattwohnung

B: Apanteles xanthostigma Hal.—Gall

Ch: Encopa brevicornis Erd.—Brit, ČSR: Slowakei, Suec, Ungarn
Sympiesis sericeicornis Nees—NBöhmen: Tetschen, Germ (Eulophus upupaenellae Bché.)

I: Ecphoropsis viennensis Grv—Brit
Hemiteles laevigatus Rtzbg.—Germ
Horogenes (Angitia) cerophaga Grv.—Brit, Germ (Bauer)
— gracilis Bridgm. (Angitia, Limneria)—MEurop: Brit, Germ
— nana Grv. (Angitia)—NBöhmen
— sp. (Angitia)—Germ
Itoplectis (Pimpla) alternans Fb.—NBöhmen
— — maculator Fb.—Brit
Mesoleius variegatus Jr. (sanguinicollis Grv.)—Brit

(Caloptilia syringella F.) = Gracilaria
(Cameraria) = Lithocolletis trifasciella Hw.,
— tristrigella Hw.

49. Cedestis farinatella Z. (Dyscedestis)—Yponomeutid.

Ch: Ageniaspis fuscicollis Dalm.—Suec

(Cemiostoma spartifoliella Hb.) = Leucoptera
(— susinella H.S.) = Paraleucoptera sinuella Rtti.
(— wailesellum Stt.) = Leucoptera
(Choreutis) = Millieria

50. Coleophora acrisella Mill—Coleophorid.—bis No 152 incl.—
Minierer im Raupensack!

B: Agathis (Bassus) tibialis Nees—Gall

Ch: Copidosomopsis (Copidosoma) coleophorae Mayr—Gall
Trichomalus herbidus Wlk. (Habrocytus fasciatus Thn.)—Gall

I: Eulimneria (Campoplex) sp.—Gall

51. Coleophora aereipennis Wck (alcyonipennella Koll.)

B: Apanteles nanus Reinh.—Germ
Orgilus obscurator Nees (Glabrobracon)—Brit, Germ (+ C. alcyonipennella)

I: Hemiteles cinctus L. (bicolorinus Grv.)—Germ
Heterocola proboscidealis Thn.—Germ
Horogenes nana Grv. (Dioctes elishae Bridgm.)—Germ

52. Coleophora ahenella Hein. Wck.

B: Acoelius subfasciatus Hal.—Europ: Brit

I: Ephialtes (Pimpla) calobata Grv.—Germ: ObLausitz

53. Coleophora albicosta Hw.

I: Horogenes (Angitia) trochanterata Thn.—Brit, Germ, Suec
(Eulimneria, Limnerium volubile Hgn.)

54. Coleophora albidella H.S.

B: Apanteles impurus Nees—Dania (Sönderup)

I: Hemiteles areator Pz.—Dania (Sönderup)
Horogenes sp. (Angitia)—Germ: ObBayern (Bauer)
Lissonota deversor Grv.—NBöhmen (Hedwig)
Omorga fusciplica Thn (Campoplex)—Dania

55. Coleophora albitarsella Z.

B: Agathis (Bassus) anglica Marsh.—Brit
— breviseta Nees—Brit
Apanteles infimus Hal.—Brit, Germ, Helvet.

I: Horogenes (Angitia) annulicrus Thn.—Brit
— — annulipes Bridgm.—Brit
— — tibialis Grv.—Brit

56. Coleophora anatipennella Hb. (tiliella Z.)

B: Apanteles dilectus Hal.—Germ
Bracon sbg. Glabrobracon osculator Nees—Ungarn
Chelonus oculator Pz. (oculatus Nees)—Austria
Meteorus pendulator Latr. (ictericus Nees)—Ungarn (Györfi)

Ch: Copidosomopsis (Copidosoma) coleophorae Mayr—Germ
Habrocytus fascialis Thn.—Germ

I: Ephialtes (Pimpla) rufata Gmel.—Ungarn
Hemiteles areator Pz.—Brit
— cinctus L. (bicolorinus Gvr.)—Austria, Brit (tiliella), Germ
Horogenes (Angitia, Pectenella) latungula Thn.—SE
Itoplectis maculator F. (Pimpla scanica Vill.)—Austra, Brit (+ C. tiliella), Germ, Ungarn
Omorgus (Campoplex) mutabilis Hgn.—Germ (Bauer)

57. Coleophora annulatella Nyh.-Tgstr. (laripennella Z.)

B: Agathis nigra Nees—Germ

58. Coleophora ardeipennella Scott. (ardeaepennella, palliatella Zink)

B: Agathis (Braunsia, Microdus) mediator Nees—N&MEurop: Brit, Germ

I: Ephialtes (Pimpla) calobatus Grv.—Brit
Hemiteles areator Pz.—Brit
— pulchellus Grv.—Germ (Bauer)
Horogenes (Angitia) armillata Grv.—Germ: ObLausitz
— ?cerophaga Grv.—Germ: ObLausitz (Hedwig)
Omorgus (Campoplex) multicinctus Grv.—Germ (Bauer)

59. Coleophora argentula Z.

B: Agathis nigra Nees—Germ

60. Coleophora artemisicolella Brd.

I: Horogenes (Angitia) cerophaga Grv.—Germ: ObLausitz
Campoplex sp.—Germ (SR)
Omorgus (Campoplex) ensator Grv.—(Hedwig)
— — sp.—Germ

61. Coleophora asteris Mühl.

Ch: Habrocytus spp. div.—Dania (Sönderup)

62. Coleophora astragalella Z.

B: Agathis tibialis Nees—Austria, Gall, Helvet, Ital, Russl, Ungarn
— — var. δ Nees—Ungarn

63. Coleophora atricolella Z.

B: Apanteles sp.—Brit

I: Horogenes nana Grv. (Angitia, Dioctes elishae Bridgm.,)—Brit (Inareolata)

64. Coleophora atriplicis Drur. (maeniacella Stt.)

B: Apanteles sp.—Brit

I: Omorgus (Campoplex) borealis Zett.—N&MEurop: Brit

65. Coleophora auricella F.

Ch: Copidosomopsis (Copidosoma) coleophorae Mayr—NBöhmen

66. Coleophora badiipennella Dup.

I: Mastrus (Isadelphus) sp.—Germ (Bauer)

67. Coleophora ballotella F.R.

B: Apanteles exilis Hal.—NOesterr.
— (Microgaster) sessilis Nees—Austria

I: Campoplex orbitalis Grv.—Austria
Gelis monozonus Grv.—Böhmen
(Pezomachus instabilis Frst.)

68. Coleophora betulella Hein.

I: Glypta bipunctoria Thbg. (flavolineata Thbg.)—Germ: Thüringen, Ungarn
Itoplectis (Pimpla) alternans Grv.—Germ (Bauer)

69. Coleophora bicolorella Stt.

Ch: Atoposomoidea (Cirrospilus) pictus Nees—Austria

I: Itoplectis (Pimpla) alternans Grv.—Austria

70. Coleophora bilineatella Z. (bilineata)

I: Gelis (Pezomachus) hieracii Bridgm.—(Hedwig)
— — monozonus Grv. (Pezomachus instabilis Frst.)—Dania
Triclistus globulipes Desv.—Germ (SR)

71. Coleophora binderella Koll.

B: Ascogaster variipes Wsm.—(Hedwig)

I: Hemiteles areator Pz.—Dania

72. Coleophora caespititiella Z.

B: Apanteles infimus Hal.—Brit
Bracon sbg. Glabrobracon osculator Nees—Belg, Brit, Gall, Germ, Suec
Orgilus obscurator Nees—Germ

Ch: Elasmus viridiceps Thn.—Polen

I: Ephialtes (Pimpla) calobata Grv. var. punctiventris Thn.—Brit (C.? pititiella)
Gelis monozonus Grv. (Pezomachus instabilis Frst.)—Brit
— rufocinctus Grv. (Hemimachus)
— (Pezomachus) vagans Oliv.—Germ (Bauer)
— — var. calvus Frst.—Germ (Bauer)
Hemiteles (Aschistus) sp.—Brit

73. Coleophora chalcogrammella Z. sive flavaginella Z.

B: Apanteles (Microgaster) impurus Nees—Germ

74. Coleophora chamaedryella Stt.

B: Bracon sbg. Orthobracon variegator Nees—Germ (Hedwig)
Ch: Copidosomopsis coleophorae Mayr—Austria
I: Hemiteles? decipiens Grv.—Böhmen (Hedwig)
Itoplectis (Pimpla) maculator F.—Böhmen (Hedwig)

75. Coleophora congeriella Stdgr.

Ch: Habrocytus (Pteromalus) variabilis Rtzbg.—Gall
Trichomalus herbidus Wlk. (Habrocytus fasciatus Thn.)—Gall
I: Eulimneria (Campoplex) sp.—Gall

76. Coleophora conspicuella Z.

B: Orgilus rugosus Nees—Germ
I: Gelis (Pezomachus) bellicosus Frst.—Germ (Bauer)
— corruptor Frst.—Finnland-hyper v. Horogenes rufipes
Horogenes (Angitia) rufipes Grv.—SFinnland
Phobetes (Allocota, Hemiteles, Spinolia) maculipennis Grv.—Brit
— (Hemiteles) trifasciator Thbg.—Germ: Thüringen
Scambus (Epiurus, Pimpla) brevicornis Grv.—Dania

(Coleophora coracipennella) = serratella L.

77. Coleophora cornuta Stt.

I: Herogenes (Angitia) subbuccata Thn.—Germ (Bauer)

78. Coleophora coronillae Z. (gallipennella Tr.)

B: Bracon sbg. Glabrobracon atrator Nees—Germ: ObLausitz (C. gallipennella)
— coniferarum Schmkn.—Germ:Heidelberg (Hedwig) (+ C. gallipennella)
— sbg. Orthobracon fulvipes Hal. var.—Germ: Heidelberg
— sbg. Glabrobracon osculator Nees—Germ (C. gallipennella)
— — praecox Wsm.—Germ (C. gallipennella)
Ch: Eupelmella vesicularis Retz.—Germ
(Eupelmus degeeri Dalm.)
I: Ephialtes (Pimpla) nucum Rtzbg.—Germ: Steigertal (Bauer)

79. Coleophora craccella Val. (lugduniella)

B: Agathis rufipalpis Nees—Gall
— tibialis Nees—Austria, Gall, Helvet, Ital, Russl, Ungarn
I: Ischnus debilis Grv.—Russl
— nigrinus Gir.—Gall (C. lugduniella)

80. Coleophora crocinella Tgstr. (serenella Z., Eupista)

B: Bracon sbg. Glabrobracon osculator Nees—Gall
Opius brunneus Gour.—Ital (Leonardi)

Ch: Copidosomopsis (Copidosoma) coleophorae Mayr—Helvet
Eupelmella vesicularis Retz. (Eupelmus degeeri Dalm.)—Austria

I: Gelis (Pezomachus) impotens Frst.—Austria
Horogenes (Angitia) armillata Grv.—Germ
Leptocryptus fragilis Grv. (geniculosus Thn.)—Austria

81. Coleophora currucipennella Z.

B: Eurytenes abnormis (Wsm.) Frst.—(Leonardi)
Opius rufipes Wsm.—Ital (Leonardi)

I: Hemiteles areator Pz.—Brit
Horogenes (Angitia, Limnerium) occulta Bri.—Germ (Leonardi)
Itoplectis (Pimpla) alternans Grv.—Brit
Olesicampe (Limneria) coleophorarum Rtzbg.—SBayern

82. Coleophora deauratella Z.

Ch: Tetrastichus endemus Wlk.—(fals.: eudemus)—Brit

83. Coleophora dianthi H.S. (silenella H.S.)

B: Agathis rufipalpis Nees var. varipes Thn.—Germ (SR)
(Bassus varipes Thn.)
Eubadizon punctatus Beyr.—ČSR (Mähren)

I: Hemiteles sp. n.—Germ (Bauer)

(Coleophora directella Z.) = scolopacipennella Wllgr.

84. Coleophora discordella Z.

B: Agathis (Bassus) anglica Marsh.—Brit
Ascogaster rufipes Latr.—Brit
Orgilus obscurator Hal.—Brit

I: Horogenes (Angitia) insectator Schrk.—Brit
— — nana Grv.—Brit
(Dioctes elishae Bridgm., Inareolata)

(Coleophora flavaginella Z.) = sternipennella Z.

85. Coleophora flavipennella H.S.

B: Apanteles ononidis Marsh.—Germ

I: Hemiteles areator Pz.—Dania
— pulchellus Grv.—Germ
Itoplectis (Pimpla) alternans Grv.—Germ: ObLausitz (Hedwig)
— — maculator F.—Germ

86. Coleophora franki Schmid

B: Bracon sp. defekt!—Germ: Bayern

Ch: Eupelmella vesicularis Retz.—Germ: Regensburg
(Eupelmus)

I: Gelis (Pezomachus) gonatopinus Thn.—Germ (Hedwig)

87. Coleophora frischella L. (melilotella, trifolii, Eupista)

B: Bracon sbg. Glabrobracon osculator Nees—Belg

Ch: Habrocytus milleri Del & Verb.—Belg
Tetrastichus endemus Wlk. (fals.: eudemus)—Brit (C. trifolii)

I: Anilastus vic. caedator Grv.—Belg
Ephialtes (Pimpla) nucum Rtzbg.—Germ: Oldenbüttel b. Bremen (Bauer)
Gelis (Pezomachus) impotens Frst.—Germ: Oldenbüttel (Bauer)
— — palpator Grv.—Brit (C. melilotella), Belg,—hyper
—(Hemimachus, Hemiteles)
— sp.n. vic. fraudulentus Frst.—(C. melilotella)
Hemiteles areator Pz.—Belg.—hyper
Horogenes (Angitia) majalis Grv.—Belg
— — varians Bri.—Germ (Bauer)
Omorgus (Campoplex) vic. ensator Grv.—Belg
Meloboris rufiventris Grv.—Belg
Pristomerus orbitalis Hgn.—Belg
— vulnerator Pz.—Germ
Scambus (Ephialtes, Pimpla) brevicornis Grv.—Belg, Brit, Dania
— — var. nigriscaposa Thn.—Dania

88. Coleophora fuscedinella Z. (Lithocolletis)

B: Agathis (Bassus, Microdus) mediator Nees—Suec
Agathis (Bassus) rufipalpis Nees var. varipes Thn.—Suec
Apanteles albipennis Nees var.—NBöhmen (Zimmermann)
— coleophorae Wlkn.—Brit
— corvinus Reinh.—Suec
— dilectus Hal.—Germ (Hedwig)
— formosus Wsm.—Germ: ObLausitz
— infimus Hal.—Germ
— mesoxanthus Ruschka—Brit, Suec
— nanus Reinh.—Germ (Wagner)
— sodalis Hal.—Suec
— xanthostigma Hal.—Suec
— sp.—Germ, Suec (SR)
Bracon sbg. Glabrobracon osculator Nees—Germ

Ch: Atoposomoidea (Cirrospilus) pictus Nees—Suec
Dibrachys cavus Wlk. (boucheanus Rtzbg.)—Suec
Elasmus viridiceps Thn.—Suec
Epilampsis (Chrysocharis) elongatus Thn.—Europ: Suec
Habrocytus radialis Thn.—Suec
Miotropis sulcicrista Thn.—Suec
Tetrastichus charoba Wlk. (Geniocerus, Gonioderus)—Suec

I: Gelis monozonus Grv. (Pezomachus instabilis Frst.)—Suec
— (Hemiteles, Pezomachus) palpator Grv.—Brit
Glypta sp.—Suec
Hemiteles areator Pz.—Brit, Dania
— orbiculatus Grv.—Dania
—sp.—Suec—a. Birkenblatt
Itoplectis (Pimpla) maculator F.—Dania (Sönderup), Suec
Horogenes (Angitia) fenestralis Hgn.—Germ

— — sp.—Suec
Omorgus (Campoplex) borealis Zett.—Dania (Sönderup), Germ (Bauer)
— tumidulus Grv.—Brit
Phobocampe sp.—Suec

89. Coleophora gallatellae Her.

B: Agathis tibialis Nees—NBöhmen (Zimmermann)
Apanteles fuliginosus Wsm. var.—NBöhmen (Zimmermann)—a. Aster linosyris

90. Coleophora genistae Stt.

I: Gelis monozonus Grv. (Pezomachus instabilis Frst.)—Brit
— (Hemimachus) rufocinctus Grv.
Horogenes (Angitia) annulicrus Thn.—Brit (C. genistaecolella)

(Coleophora gallipennella Hb.) = coronillae Z.

91. Coleophora giraudi Rag. (callidomella Gir.)

Ch: Amblymerus callidomellus Gir.—(Gir.-Lab.)
Elachertus (Elachestus) coleophorae Gir.—(Gir.-Lab.)
Eupelmella vesicularis Retz. (degeeri Dalm.)—Gall
Eupelmus annulatus Nees—Gall, Germ
Habrocytus (Pteromalus) variabilis Rtzbg.—Gall (Gir.-Lab.)
Spalangia nigra Latr.—Gall

I: Hemiteles sbg. Astomaspis melanarius Grv.—Europ: Gall (Hemiteles vicinus Grv.)
Gelis (Pezomachus) coleophorae Gir.—(Gir.-Lab.)
Horogenes (Campoplex) virginalis Grv.—(Gir.-Lab.)
Ischnus nigrinus Gir.—Gall
Itoplectis (Pimpla) alternans Grv.—Gall, Germ

92. Coleophora glitzella Hofm.

B: Apanteles circumscriptus Nees—NBöhmen (Zimmermann)

93. Coleophora grisella Steph.

B: Opius rufipes Wsm.—Belg, Brit, Germ, Suec

94. Coleophora gryphipennella Bche. (scolopiphora O. Her.)

B: Agathis (Bassus, Braunsia, Microdus) rufipes Nees—Belg, Brit, Gall, Germ, Suec
Apanteles triangulator Wsm.—Brit
Ascogaster rufipes Latr.—Brit

Ch: Eulophus gryphipennellae Frst.—Germ

I: Gelis (Pezomachus) comes Frst.—Polen (C. scolopiphora)
Horogenes (Angitia) holopyga Thn.—Dania (Sönderup), Germ: Schlesien (Hedwig)
— — tibialis Grv.—Brit, Gall

95. Coleophora helianthemella H.S.

I: Gelis (Pezomachus) nigritus Frst.—Gall

96. Coleophora hemerobiella Scop.

B: Chelonus microphthalmus Wsm.—Russl
Orgilus rugosus Nees—Germ

Ch: Copidosomopsis (Copidosoma) coleophorae Mayr—Gall

I: Bathyplectes (Canidia) trochantella Thn.—Germ: ObLausitz (Hedwig)
Hemiteles sbg. Astomaspis melanarius Grv.—(Leonardi)
— — scabriculus Thn.—Germ: ObLausitz (Hedwig)
Hemiteles aestivalis Grv.—(Hedwig)
— limbatus Grv. var. ruficollis Grv.—Germ: ObLausitz
— obliquus Thn.—Germ (Bauer)
— similis Gml.—Brit, Germ—hyper v. Apanteles
— sp.—Germ (Hedwig)
Omorgus (Campoplex) borealis Zett.—Gall
— sp.n.—Germ (Bauer)

97. Coleophora hydrolapatella Her.

I: Gelis (Pezomachus) parvulus Frst.—Germ (Hedwig)

98. Coleophora hungariae Gez.

I: Cremastus sp.—Austria: Burgenland, Illmitz a. Neusiedler See

99. Coleophora ibipennella Z.

B: Baeognatha nigra Teleng.—Russl
Orgilus punctulator Nees—Russl

Ch: Atoposomoidea (Cirrospilus) pictus Nees

I: Hemiteles areator Grv.—Brit, Germ (SR)
— pulchellus Grv.—Germ (Bauer)
Omorgus (Campoplex) multicinctus Grv.—Germ (Bauer)

100. Coleophora idaeella Hofm.

I: Gelis monozonus Grv. (Pezomachus instabilis Frst.)—Germ (Bauer)

101. Coleophora inulae Hein.-Wcke.

B: Agathis breviseta Nees—Bayern (Hedwig)

(Coleophora joannisella Siure) = perserenella Rbl.

102. Coleophora kyffhusana Petry

I: Gelis (Pezomachus) sp.n.—Germ (Bauer)
Horogenes (Angitia) annulicrus Thn.—Germ (Bauer)
— sp. n.—Germ (Bauer)
Itoplectis (Pimpla) maculator F.—Germ: Kyffhäuser (Bauer)

103. Coleophora laricella Hbn. (Haloptilia, Oecophora lariciella, Tinea laricinella)

B: Agathis anglica Marsh.—Ungarn
— (Bassus, Microdus) pumilus Rtzbg.—Austria, Brit, Germ, Ital
Apanteles albipennis Nees.—Germ
Bracon sbg. Lucobracon guttiger Wsm.—Belg, Brit, Gall, Germ, Suec, Ungarn
Earinus tuberculatus Wsm.—Ungarn
— variicoxis Wsm.—Ungarn
Habrobracon (Microbracon) stabilis Wsm. var. concolor Thn.—Austria: Tirol
Triaspis (Sigalphus) caudatus Nees—Brit

Ch: Anaphes sp.—Germ
— ?ratzeburgianus Rond.—(Leonardi)
Atoposomoidea (Cirrospilus) pictus Nees (Entedon)—Austria: Tirol, Brit, ČSR: Böhmen Gall, Suec,
— — var. arcuatus Rtzbg. (Entedon) Austria, Gall, Germ
— immaculatus Thn.—Brit, ČSR: Böhmen, Gall, Suec
Derostenus sp.—Austria
Dicladocerus (Eulophus) westwoodi Steph.—Austria, Brit, Germ
Epilampsis (Chrysocharis, Eurydinota) laricinellae Rtzbg.—Austria, (Entedon, Pteromalus) Brit, Germ, Ital
Entedon laetus Rtzbg.—Ungarn
Eulophus sp.—Austria
Eupelmus sp.—Brit
Eutelus (Pteromalus) semiclavatus Rtzbg.—Austria
Habrocytus sp.—Austria, Brit, Gall
Mesopolobus (Eutelus) mediterraneus Mayr—Austria
Necremnus leucarthros Thn.—Austria
Necremnus (Eulophus) metalarus Wlk.—Brit

I: Gelis (Pezomachus) laricellae Fab.—Austria
Glypta nigrina Desv.—Austria
— resinanae Htg.—Austria
Hemiteles albipalpus Thn. var. austriacus Fahrg.—Austria
— cinctus L. (bicolorinus Grv.)—Germ. Holl
— obscuripes Thn.—Holl
— pulchellus Grv.—Austria, Holl, Ital, Ungarn—hyper v. Lucobracon guttiger
Horogenes (Angitia) armillata Grv.—Austria: Tirol
— — laricinellae Strbl.—Austria: Steiermark
— (Campoplex) virginalis Grv.—Europ
— (Anigitia, Campoplex) nana Grv.—Brit, Gall, Germ (Dioctes elishae Bridgm.)
Itoplectis (Pimpla) alternans Grv.—Holl
— — maculator F.—Germ
Leptocryptus (fals.: Leptopygus) aereus Grv.—Germ
Omorgus (Angitia, Campoplex) tumidulus Grv.—Brit, Gall
— borealis Zett.—Germ
Pimpla examinator F.—Austria: Tirol, Ital
— turionellae L.—Germ, Ungarn

Scambus (Pimpla) brevicornis Grv.—Holl
— — detrita Hgn.—Holl
V: Bethylus sp.—Austria

(Coleophora laripennella Z.) = annulatella Nyl-Tgstr.

104. Coleophora ledi Stt.

B: Meteorus dubius Rthe.—Germ: ObLausitz

105. Coleophora limosipennella Dup.

B: Apanteles lacteus Nees—Dania (Sönderup)

I: Horogenes (Dioctes, Inareolata) jäckhi Bauer—Germ
— (Angitia) vestigialis Rtzbg.—Brit
Omorgus (Campoplex) ensator Grv.—Germ

106. Coleophora lineola Hw. (apicella Stt., lineolella)

B: Apanteles infimus Hal.—Brit

I: Campoplex zonellus Frst.—Germ (Bauer)
Horogenes (Angitia) tibialis Grv.—Brit
Olesicampe (Limneria) femoralis Grv.—Brit (Billups)
Omorgus (Campoplex) tumidulus Grv.—Germ (Hedwig) (C. lineolata)

(Coleophora lugduniella) = craccella Val.

107. Coleophora lutipennella Hb. (Z.)

B: Bracon sbg. Lucobracon guttiger Wsm.—Ungarn

Ch: Copidosomopsis (Copidosoma) coleophorae Mayr—Germ
?Entedon lucidulus Gour.—(Leonardi)

I: Gelis corruptor Frst.—Brit
Hemiteles areator Grv.—Dania (Sönderup)
Horogenes (Dioctes, Inareolata) jäckhi Bauer—Germ
Omorgus (Campoplex) borealis Zett.—Germ (Bauer)

(Coleophora maeniacella Stt., maenaciella) = atriplicis Drur.

108. Coleophora marginatella H.S. (saturatella Stt.)

I: Gelis (Pezomachus) impotens Frst.—Brit (C. saturatella)

109. Coleophora medelichensis Krone

B: Bracon sbg. Glabrobracon guttator Pz. (variator Nees)—Ungarn

I: Horogenes (Angitia) annulicrus Thn.—Ungarn (Hedwig)

(Coleophora melilotella) = frischella L.

110. Coleophora meridionella Chret.

B: Agathis meridionellae M. Fi.—Bayern: München

111. Coleophora milvipennis Z.

B: Apanteles nothus Marsh.—Germ
I: Omorgus (Campoplex) gastroides Grv.—Dania (Sönderup)

112. Coleophora mongetella Chret.

Ch: Habrocytus (Pteromalus) variabilis Rtzbg.—Gall

(Coleophora mühligella Wcke.)=niveistrigella Hein.

113. Coleophora muripennella Dup.

B: Apanteles fuliginosus Wsm.—Belg, Brit, Germ
Chelonella contracta Nees—Austria: Tirol (Klimesch)
Ch: Eupelmella (Eupelmus) vesicularis Retz.—Austria: Tirol
I: Gelis monozonus Grv. (Pezomachus instabilis Frst.)—Austria: Tirol (Hedwig)

114. Coleophora nemorum Hein. (Platyptilia)

I: Ephialtes (Epiurus) arundinator F.—Russl
— — similis Bridgm. (habermehli Schmdkn.)—Germ

(Coleophora nigricella Steph.) = serratella L.

115. Coleophora niveicostella Dup.

B: Orgilus obscurator Nees—Brit

116. Coleophora niveistrigella Hein. (mühligella Wcke.)

I: Horogenes (Angitia) sp.—Germ (Bauer)

117. Coleophora nutantella Mühl. & Frey (inflatae Stt.)

I: Ephialtes (Pimpla) calobata Grv. var. punctiventris Thn.—Brit

118. Coleophora ochracea Hw.

B: Agathis tibialis Nees—Austria: NOesterr: Gumpoldskirchen

119. Coleophora ochripennella Z.

I: Gelis monozonus Grv. (Pezomachus instabilis Frst.)—Germ (Bauer)
Omorgus (Campoplex) borealis Zett.—Germ
— — ensator Grv.—Germ (Hedwig)
— — tumidulus Grv.—Germ: Schlesien (Hedwig)

120. Coleophora odorariella Mühl.

I: Triclistus curvator Grv.—Austria: NOesterr. (Hedwig)

121. Coleophora olivacella Stt.

B: Apanteles viminetorum Wsm.—Germ

I: Hemiteles areator Grv.—Dania (Sönderup), Germ
— pulchellus Grv.—Holstein (Bauer)
Horogenes (Angitia) cylindrica Bri. (?tenuipes Thn.)—Germ (Bauer)
— — sp.—Germ (SR)
Omorgus (Campoplex) multicinctus Grv.—Germ (Bauer)
— — sp.—Germ (SR)
Thysiotorus (Leptocryptus) lamina Thn.—Holstein (Bauer)

122. Coleophora onobrychiella Z.

I: Ephialtes (Pimpla) nucum Rtzbg.—Germ: Kyffhäuser (Bauer)
Exochus lentipes Grv.—Germ: Kyffhäuser (Bauer)

123. Coleophora onosmella Brahm

B: Agathis (Bassus) mediator Nees.—Gall

Ch: Necremnus metalarus Walk.—Dalmatien, Germ

I: Gelis agilis Grv.—Germ
— monozonus Grv. (instabilis Frst.)—
Omorgus (Campoplex) ensator Grv.—Brit

124. Coleophora otitae Z.

B: Agathis malvacearum Latr.—Ungarn

I: Diaschiaspis campoplegoides Hgn.—Dania

125. Coleophora palliatella Zink.

B: Agathis (Braunsia, Microdus) mediator Nees—Brit, Germ

I: Ephialtes (Pimpla) calobata Grv.—Brit
Hemiteles areator Pz.—Brit
— pulchellus Grv.—Germ (Bauer)
Horogenes (Angitia) armillata Grv.—Germ: ObLausitz
— ?cerophaga Grv.—Austria: Obösterr. (Hedwig)
Omorgus (Campoplex) multicinctus Grv.—Germ (Bauer)

126. Coleophora paripennella Zell.

B: Apanteles dilectus Hal.—Slowakei

127. Coleophora perserenella Rbl. (joannisella Suire)

B: Orgilus rugosus Nees—Austria

Ch: Copidosomopsis (Copidosoma) coleophorae Mayr—Gall (C. joannisella)
Habrocytus (Pteromalus) variabilis Rtzbg.—Gall (C. joannisella)

I: Eulimneria (Campoplex) sp.—Gall (C. joannisella)

128. Coleophora prunifoliae Doets

B: Apanteles albipennis Ness—Germ

129. Coleophora pyrrhulipennella Z.

B: Orgilus laevigator Nees—Finnland

I: Campoplex coleophorae Gir.—Gall (Gir.-Lab.)
Gelis (Pezomachus) stevenii Grv.—Brit, Germ, Taurien
Horogenes (Angitia) fenestralis Hgn. var. chrysosticta Gml.—Brit
— (Dioctes, Inareolata) jäckhi Bauer—Germ
Omorgus (Campoplex) borealis Zett.—Brit
— — mutabilis Hgn.—Germ (Bauer)

130. Coleophora rectilineella F.R.

I: Gelis (Pezomachus) sp.—Austria: Oböstern. (Hedwig)

131. Coleophora salicorniae Wcke.

B: Agathis anglica Marsh.—Germ: Sachsen (Hedwig)

132. Coleophora salinella Stt.

B: Apanteles ononidis Marsh.—Brit

133. Coleophora saponariella Heeg.

B: Bracon sbg. Glabrobracon osculator Nees—Germ
Orgilus bipunctator Nees—Germ
— punctulator Nees—Germ

(Coleophora saturatella Stt.) = marginatella H.S.

134. Coleophora scolopacipennella Wllgr. (directella Z.)

I: Cremastus guttifer Thn.—Germ (Noack)

(Coleophora scolopiphora O. Her.) = gryphipennella Bché.

(— serenella Z.) = crocinella Tgstr.

135. Coleophora serratella L. (nigricella Steph., coracipennella Hb., Tinea)

B: Agathis (Microdus) coleophorae Gir.—(Gir.-Lab.) (C. nigricella)
— — nigripennis Gir.—(Gir.-Lab.) (C. nigricella)
Apanteles dilectus Hal.—Germ (C. coracipennella)
— fuliginosus Wsm.—Belg, Brit, Germ (C. nigricella)
— hoplites Rtzbg.—Germ (C. nigricella)
— nothus Mrsh.—Germ (C. nigricella)
Ascogaster rufidens Nees—NBöhmen (Zimmermann) (C. nigricella)
Eurytenes (Opius) abnormis Wsm.—(Rondani) (C. coracipennella)
Opius reconditor Wsm.—Germ (C. nigricella)
— rufipes Wsm.—Germ (Tinea coracipennella)
Orgilus rugosus Nees—Finnland, Germ, Russl (+ C. coracipennella)
— sp.—Germ (SR) (C. nigricella)
Braconidae indet.—Germ (C. nigricella)

Chalcididae indet.—Germ (C. nigricella)
Atoposomoidea (Cirrospilus) pictus Nees—Austria, Germ (C. coracipennella)

Cirrospilus coracipennellae—Germ—a. Pyrus sylvestris
Eupelus urozonus Dalm.—Germ (C. coracipennella)
Eurytoma appendigaster Swed.—Germ (C. coracipennella)
Mesopolobus (Eutelus) mediterraneus Mayr—Germ (C. coracipennella)
Trichomalus herbidus Walk.—Germ (C. coracipennella)
(Habrocytus fasciatus Thn.)

I: Hemiteles areator Grv.—Brit, Dania, Germ (Bauer, Hedwig) (C. coracipennella)
— bipunctator Thbg. (cingulator Grv.)—Brit (C. nigricella)
— cinctus L. (bicolorinus Grv.)—Germ (C. coracipennella)
— obliquus Thn.—Germ(Bauer) (C. nigricella)
— pulchellus Grv.—Austria, Germ (Bauer) (C. nigricella)
— sp.—Germ (SR) (C. nigricella)
Horogenes (Dioctes, Inareolata) jäckhi Bauer—Germ (Hedwig) (C. coracipennella, nigricella)
— nana Grv. (Dioctes elishae Bridgm.)—(Hedwig, C. nigricella)

Hypsicera (Metacoelus) mansuetor Grv.—Germ: ObLausitz (C. nigricella)
Itoplectis (Pimpla) alternans Grv.—Brit, Germ: Schlesien (SR) (C. nigricella)
Omorgus (Campoplex) borealis Zett.—Austria, Germ, (Bauer, Hedwig) (C. nigricella)
— multicinctus Grv.—Germ (Hedwig) (C. nigricella)
Phaedroctonus transfuga Grv.—Germ: ObLausitz (C. nigricella)

136. Coleophora settarii Wcke.

Ch: Eupelmus atropurpureus Dalm.—Gall
I: Gelis (Pezomachus) nigritus Frst.—Gall

(Coleophora silenella H.S.) = dianthi H.S.

137. Coleophora solitariella Z.

I: Cremastus sp.—Brit
Gelis (Pezomachus) agilis Grv. („Mischart")—Germ (Bauer)
Horogenes cylindrica Bri. (Angitia tenuipes Thn.)—Holl
Microcryptus labralis Grv. (Aptesis vestigialis Frst.)—Brit, Germ
Nemeritis (Phaedroctonus) ensifera Bri.—(Hedwig)
Olesicampe (Limneria) femoralis Grv.—Brit
Omorgus (Campoplex) gastroides Grv.—Germ (Bauer)
— — tumidulus Grv.—Brit
Sagaritis annulata Grv.—Germ: ObLausitz

137a. Coleophora spp.

B: Acoelius subfasciatus Hal.—Gall
Agathis anglica Marsh. (Bassus)—Brit
— breviseta Nees—Germ—a. Potentilla
— (Bassus, Microdus) cingulipes Nees—Brit
— (Microdus) lugubrator Rtzbg.—Germ, Russl

— pumila Rtzbg.—Slowakei
— (Microdus) rufipes Nees—(Gir.-Lab.)
Apanteles dilectus Hal.—Germ
— exilis Hal.—MEurop—a. Betula
— fuliginosus Wsm.—Gall
— — var.—ČSR: Mähren (Zimmermann),—a. Artemisia vulgaris
— infimus Hal.—Brit—a. Juncus articulatus
— sessilis Nees—Gall
Bracon venustus Teleng.—Russl
Euphorus apicalis Curt.—Europ
Orgilus obscurator Nees—Germ
— punctulator Nees (punctator Nees)—Germ—a. Eiche, Russl
Phanomeris dimidiata Nees—Holl—a. Ulmus

Ch: Atoposomoidea (Cirrospilus) pictus Nees—Brit, Gall, Germ, Suec.—a. Salix
Chrysocharis sp.
Entedon quadrifasciatus Rtzbg.—Germ
Euderus amphis Walk.—Ital: Venedig
Necremnus metalarus Walk.—Brit, ČSR, Germ, Jugosl, Ungarn
Sympiesis (Teleogmus) xanthostoma Nees—(Gir.-Lab.)
(Tetrastichus frontalis Nees)
Tetrastichus atrocoeruleus Nees—Gall (Gir.-Lab.)

I: Ephialtes (Pimpla) nucum Rtzbg.—Germ: Kyffhäuser (Bauer)—a. Artemisia campestris
— (Epiurus, Pimpla) vesicaria Rtzbg.—Germ, Suec
Gelis (Pezomachus) agilis Grv. (Mischart)—Germ—a. Betula
— melanocephalus Schrk. — ČSR: SMähren
— monozonus Grv. (Pezomachus instabilis Frst.)—Austria: Nösterr.—a. Achillea
— pezomachorum Rtzbg.—Germ (Bauer)
— vulnerans Frst.—ČSR: SMähren—a. Artemisia vulgaris
Hemichneumon elongatus Rtzbg.—Brit, Germ: Westfalen
Hemiteles albipalpus Thn.—a. Juncus
— areator Pz.—Germ: ObLausitz—a. Betula alba
— cinctus L. (bicolorinus Grv.)—Gall
— similis Gml.—Gall
Horogenes (Angitia) coleophorarum Rtzbg.—Germ
— (Limneria) nana Grv.—Brit, Germ (Bri.), Suec
— ?rimator Thn.—Germ: ObBayern (Bauer)
— rufipes Grv.—Gall
— vestigialis Hgn.—Germ: Westfalen
Mesochorus crassicrus Thn.—Brit—a. Galium verum
Omorgus (Campoplex) borealis Zett.—Germ, Helvet
— (Campoplex) ensator Grv.—Germ (Bauer)—a. Betula
— n.sp.—Austria: Tirol (Bauer)—a. Minuartia austriaca

138. Coleophora spiraeella Rbl.

I: Ephialtes (Pimpla) nucum Rtzbg.—Austria: Wien

139. Coleophora stefanii Joann. (stephanii)

B: Apanteles albipennis Nees—Sizilia

Ch: Callitula bicolor Spin. (Baeotomus rufomaculatus Wlk.)—Sizilia
Copidosoma buyssoni Mayr—Ital
Cyrtoptyx (Dinarmus) dacicida Masi—Ital—a. Atriplex halimus
Mercetina algirica Ferr.—Algerien
Pteromalus lazulinus Frst.—Ital
— robustus Wlk.—Ital

140. Coleophora sternipennella Z. (flavaginella Z.)

B: Apanteles impurus Nees—NBöhmen (Zimmermann)—sive C. chalcogrammella Z.

I: Horogenes (Dioctes, Inareolata) jäckhi Bauer—Germ
— (Angitia, Inareolata) nana Grv.—Brit (Dioctes elishae Bridgm.)
— (Angitia) occulta Bri.—Germ (Bauer)
Mesochorus anomalus Hgn.—NBöhmen (Zimmermann)

141. Coleophora succursella H.S.

I: Omorgus (Campoplex) cursitans Hgn.—Austria: Tirol

(Coleophora therinella Tgstr.) = trochilella Dup.
(— tiliella Z.) = anatipennella Hb.

142. Coleophora trifariella Z.

B: Hormius moniliatus Nees—Gall

(Coleophora trifolii Curt.) = frischella L.

143. Coleophora trigeminella Fuchs

I: Hemiteles pulchellus Grv.—Germ (Hedwig)

144. Coleophora trochilella Dup. (therinella Tgstr.)

I: Campoletis (Sagaritis) zonata Grv.—Brit, Gall
Gelis (Pezomachus) monozonus Grv.—Brit—hyper v. Omorgus multicinctus (instabilis Frst.)
Hemiteles areator Grv.—Brit
Horogenes (Angitia) vestigialis Rtzbg.—Germ (Bauer)
Omorgus (Campoplex) multicinctus Grv.—Brit
— — tumidulus Grv.—Germ (Bauer)

145. Coleophora troglodytella Dup.

B: Agathis (Bassus) breviseta Nees—Brit, Gall
— (Microdus) brevicaudis Reinh.—Austria, Brit
Earinus variicoxis Nees—Belg, Brit, Gall, Suec
Microplitis tuberculifer Nees—Belg

Ch: Copidosomopsis (Copidosoma) coleophorae Mayr—Europ

I: Eulimneria (Campoplex) xanthostoma Grv.—Germ: Thüringen
Gelis monozonus Grv. (Pezomachus instabilis Frst.)—Böhmen (Hedwig)
Omorgus (Campoplex) borealis Zett.—N&MEurop:Brit

146. Coleophora vacciniella Hb.

I: Ephialtes (Pimpla) inquisitor Scop.
— — rufata Gml.—Ungarn
Hemiteles sp.—Germ (Hedwig)

147. Coleophora vibicella Hb. (Eupista)

B: Bracon sbg. Glabrobracon osculator Nees—Gall
Orgilus rugosus Nees—Austria, Brit, Gall, Germ
— — var. rufiventris Fahrg.—Austria: Museum Wien

Ch: Copidosomopsis (Copidosma) coleophorae Mayr—Gall, Germ
Elasmus flabellatus Fonsc.—Germ
— vibicellae Frst.—Germ
?Encyrtus genitalis Gour.—(Leonardi)

I: Campoplex albidus Gml.—Austria
Gelis (Hemiteles, Pezomachus) palpator Grv.—Brit
— (Pezomachus) pulicarius Grv.—Brit, Gall, Germ
— ruficornis Thbg. (Pezomachus hortensis Grv.)—Austria
— trux Frst.—Europ.
Horogenes (Angitia) rufipes Grv.—Brit, Germ, Ungarn

148. Coleophora viminetella Z.

B: Agathis anglica Marsh.—Ungarn (C. viminella)
— tibialis Nees—NBöhmen (Zimmermann)
Apanteles albipennis Nees—ČSR: Mähren (Zimmermann)
— lacteus Nees var.—NBöhmen (Zimmermann)

I: Ephialtes (Pimpla) nucum Rtzbg.—Germ: Harz (Bauer)
— sp.—Germ (SR)
Epiurus sp.—Germ
Gelis (Pezomachus) impotens Frst.—ČSR: SMähren
— — ochracea Frst.—Brit
(Pezomachus corruptor Frst.)
Gelis ochracea Frst. var. insidiosus Frst.—Germ
— (Hemimachus) rufocinctus Grv.
Hemiteles areator Pz.—Brit
— bipunctator Thbg.—Germ (SR)
Horogenes (Angitia) nana Grv.—NBöhmen (Hedwig)
Scambus (Pimpla) detritus Hgn.—Germ: Thüringen (Bauer)

149. Coleophora virgaureae Stt.

B: Apanteles princeps Wlkn.—Brit
Bracon sbg. Glabrobracon osculator Nees—Belg, Brit, Gall, Germ, Suec
Chalcicid. indet.—Dania (Sönderup)

150. Coleophora vitisella Gregs.

I: Omorgus (Campoplex) borealis Zett.—Germ

151. Coleophora vlachi Toll.

B: Orgilus (Bracon) obscurator Nees—NBöhmen (Zimmermann)

152. Coleophora vulnerariae Z.

Ch: Dibrachys cavus Wlk. (boucheanus Rtzbg.)—Dania (Sönderup)

I: Scambus (Pimpla) brevicornis Grv.—Dania

(Coriscium brogniardellum F.) = Acrocercops

153. Coriscium cuculipennellum Hb. (alaudella Dup., Caloptilia, Gracilaria)—Gracilariid.—später frei in Blattrolle

B: Apanteles circumscriptus Nees (fraternus Reinh.)—Germ
— emarginatus Nees—Germ
— fuliginosus Nees (gracilariae Wlkn.)—Brit

Ch: Sympiesis albiflavus Fahrg.—Türkei

I: Ephialtes (Pimpla) calobatus Grv.—Germ (C. alaudella)
Hemiteles laevigatus Rtzbg.—Brit (Hedwig)
Horogenes (Angitia, Limnerium) gracilis Bridgm.—Brit, Gall, Germ
Itoplectis (Pimpla) maculator F.—Germ (Hedwig)
Omorgus (Campoplex) borealis Zett.—Germ
Phygadeuon curvispina Thn.—Germ: ObLausitz

154. Cosmopteryx eximia Hw. (? zieglerella Hb.)—Cosmopterygid.

B: Microgaster sp.—Germ (SR)
— tibialis Nees—Germ (C. zieglerella)

I: Horogenes (Dioctes) parvicauda Thn.—Germ (Bauer)

155. Cosmopteryx lienigiella Z.

B: Chelonella (Chelonus) exilis Mrsh.—Brit, Gall

156. Cosmopteryx scribaiella Z.

B: Chelonella (Chelonus) exilis Mrsh.—Germ (Hedwig)
Chelonus sp.—Germ (SR)
Microgaster sp.—Germ (SR)
Microplitis sordipes Nees—Germ (SR)

I: Ephialtes (Epiurus, Pimpla) calobata Grv.—Germ (SR)
Hemiteles melanogaster Thn.—Germ: ObLausitz

(Dechtiria) = Stigmella

157. Dyselachista herrichiella H.S. (Scirtopoda, Tinagma)—Elachistid.

Ch: Atoposomoidea subviolaceus Thn. (Cirrospilus herrichiellae Frst.)—Germ

I: Inareolata (Dioctes) apostata Grv.—Germ

158. Dyseriocrania fastuosella Z. (Eriocrania subpurpurella Hw. var. fastuosella Z.) — Eriocraniid.

Ch: Pnigalio (Eulophus) pectinicornis L.—Suec

159. Elachista adscitella Stt.—Elachistid.
B: Apanteles viminetorum Wsm.—Germ

(Elachista airae Stt.) = perplexella Stt.

160. Elachista apicipunctella Stt.—später frei
B: Apanteles circumscriptus Nees—Germ (SR)

(Elachista argentella auct.) = cygnipennella Hb.

161. Elachista arundinella Dup.
B: Apanteles ferrugineus Mrsh.—N&MEurop

162. Elachista atricomella Stt.—später in Halm u. Wurzel
B: Chelonus pusio Mrsh.—N&MEurop: Brit

163. Elachista bifasciella Tr.
B: Apanteles circumscriptus Nees (fraternus Reinh.)—Germ: ObLausitz (Hedwig)
— impurus Nees (Microgaster)—Germ: ObLausitz
— ?viminetorum Wsm.—(Hedwig)

164. Elachista cerusella Hb.
I: Cymodusa elachistae Bri (Pseudocymodusa, Olesicampe ruficornis Brdgm.)—Germ: Sachsen (Hedwig)
Holocremna argentata Grv.—Dania (Sönderup)
Horogenes (Dioctes, Inareolata) melanius Thn.—Germ: ObLausitz (Hedwig)
— (Angitia) subbuccata Thn.—Germ: ObLausitz
Itoplectis (Horogenes, Angitia) alternans Grv.—Dania (Hedwig)
Sagaritis erythropus Thn.—Brit

165. Elachista collitella Dup.
I: Gelis (Pezomachus) gonatopinus Thn.—Austria: ObÖsterr. (Hedwig)

166. Elachista cygnipennella Hb. (argentella auct.)
Ch: Atoposomoidea (Cirrospilus) vittatus Walk.—Europ. (E. argentella)
Cirrospilus argentellae Frst.—Germ

167. Elachista geminatella H.S. (magnificella Tgstr.)
B: Apanteles viminetorum Wsm.—Belg, Brit, Germ, Suec

168. Elachista gleichenella F.
B: Apanteles circumscriptus Frst.—(umbellatarum Hal.)—Brit
I: Gelis microcephalus Frst. (Pezomachus)—Germ: ObLausitz
Hemiteles sbg. Gnypetomorpha gracilis Thn.—Germ: Schlesien (Hedwig)

169. Elachista lastrella Chret. (disquéella Fuchs)

B: Apanteles impurus Rtzbg.—Germ

I: Nemeritis macrocentra Grv. (Angitia gracilis Grv.)—Germ

170. Elachista luticomella Z.—später im Halm

B: Apanteles circumscriptus Nees—Germ
Aphidius rosae Hal var. infirmus Nees—Germ: ObLausitz
Chelonus pusio Mrsh.—Brit

I: Hemiteles areolaris Thn.—Germ: ObLausitz
Horogenes sp. (Angitia) —Germ (SR)

(Elachista magnificella Tgstr.) = geminatella H.S.

171. Elachista megerlella Stt. sive adscitella Stt.

B: Apanteles viminetorum Wsm.—Germ

D: Actia nigroscutellata Vill.—Germ

(Elachista monticola Wcke.) = alpinella Stt.

172. Elachista perplexella Stt. (airae Stt.)

B: Apanteles viminetorum Wsm.—Belg, Brit, Germ

173. Elachista poae Stt.

B: Apanteles circumscriptus Nees—MEurop (Hedwig)
— impurus Nees (Microgaster)—Germ: ObLausitz
— punctiger Wsm.—Germ: ObLausitz
— ?viminetorum Wsm.—Germ (Hedwig)
Chelonella lugubris Wsm.—Posen
Chelonus pusio Mrsh.—(Hedwig)
Colastes (Exothecus) sp.—Germ (SR)

I: Gelis (Pezomachus) acarorum L.—Germ (Hedwig)
Horogenes sp. (Angitia).—Germ (SR)
Lathrolestes bipunctatus Bri—Germ: ObLausitz
Micrope macilenta Wsm.—Germ (SR)

174. Elachista pollinariella Z. var. polinaria Chr.

I: Phaeogenes melanogonus Grv.—Germ

175. Elachista quadrella Hb.

B: Apanteles punctiger Wsm.—Germ: ObLausitz

(Elachista raschkiella Z.) = Mompha

176. Elachista scirpi Stt.

B: Apanteles laetus Mrsh.—Dania (Sönderup)

(Elachista saportella) = Lithocolletis hortella F.

176a. Elachista spp.

B: Apanteles ruficornis Nees—Gall
 — viminetorum Wsm.—Gall

Ch: Eulophus calamagrostidis Erd.—Ungarn—a. Calamagrostis epigeios
 Sympiesis acalle Walk. (Entedon nubeculatus Rtzbg.)—(Rondani)

I: Cymodusa elachistae Bri—Germ—a. Phleum pratense
 Hemiteles sbg. Otacustes aestivalis Grv. var. modestus Grv.—(Rondani)
 Horogenes (Campoplex) chrysosticta Gml.—(Rondani)
 Mevesia arguta Wsm.—Germ: Goslar (Bauer)
 Micrope macilenta Wsm.—Holl

177. Elachista subnigrella Dgl.

I: Gelis (Pezomachus) anthracinus Frst.—Brit, Germ, Suec (E. subnigella)

178. Elachista taeniatella Stt.

B: Apanteles circumscriptus Nees (bicolor Nees)—Belg, Brit, Germ
 — lateralis Hal.—Brit
 — ruficornis Nees—Germ, Suec
 Colastes (Exothecus) sp.—Germ (SR)

179. Elachista trapeziella Stt.

B: Centistes (Liophron) fuscipes Nees—Gall (?Error)

180. Epinotia pygmaeana Hb. (Asthenia, Coccyx, Tortrix)—Tortricid.—später in Blattnestern

B: Apanteles dilectus Hal.—Germ
 — ensiformis Rtzbg. (Microgaster)—MEurop: Germ (Coccyx)
 Coeloides abdominalis Zett.—Austria (Schimitschek)

D: Bessa selecta Mg. (Prosopaea fugax Rondani)—Germ (Baer)

Ch: Pteromalus pygmaeanae Rtzbg.—Germ
 Trichogramma evanescens Westw.—Austria: STirol

I: Triclistus sp.—Germ

181. Eriocrania sangi Wood.—Eriocraniid.

I: ?Lathrolestes sp.—Dania (Sönderup)

182. Eriocrania semipurpurella Stgh. (Micropteryx)

B: Phanomeris dimidiatus Nees—Brit

I: Ctenochira (Grypocentrus) genalis Thn.—Brit (Micropteryx)
 Lathrolestes clypeator Zett. var.—Gall

183. Eriocrania sparmanella Bosc.

B: Apanteles affinis Nees—N&MEurop. (Fahrg.)

183a. Eriocrania spp.

Ch: Necremnus leucarthros Nees—Suec
Stictomischus sp.—Suec

184. Eucedestis gysselinella Dup. (Cedestis)—Yponomeutid.—später zwischen versponnenen Nadeln

Ch: Dicladocerus sp. vic. westwoodi Westw. f. aeneiscapus Thn. (Diglyphus) —Dania (Sönderup)

I: Hemiteles cinctus L. (bicolorinus Grv.)—Brit

(Eupista) = Coleophora vibicella Hb.

185. Euspilapteryx auroguttella Steph. (Gracilaria)—Gracilariid.—später im kegelförmig gerollten Blattrand

B: Apanteles circumscriptus Nees—Dania (Sönderup), Germ
— halidayi Mrsh.—Dania (Sönderup)

I: Gelis monozonus Grv. (Pezomachus instabilis Frst.)—Germ (Bauer)
Hemiteles laevigatus Rtzbg.—Brit (M &RSm.)
— sp.—Dania (Sönderup)
Horogenes sp. (Angitia)—Germ (SR)

186. Euspilapteryx phasianipennella Hb. (Caloptilia, Gracilaria, Xanthospilapteryx)—später in Blattrolle

Ch: Sympiesis euspilapterygis Erd.—Austria, ČSR, Ungarn

I: Gelis monozonus Grv. (Pezomachus instabilis Frst.)—Brit
— (Pezomachus) nomas Frst.—Germ
— (Hemimachus) rufocinctus Grv.—
Hemiteles laevigatus Rtzbg.—Brit, Gall
Horogenes (Angitia) ?holopyga Thn.—Germ (Bauer)
— tibialis Grv.—Brit
— sp.—Germ (SR)
Itoplectis (Pimpla) alternans Grv.—Germ (SR)
?Mesochorus crassicrus Thn.—Brit
Syrphoctonus (Homotropus, Homocidus) elegans Grv.—Brit

187. Euspilapteryx phasianipennella Hb. var. quadruplella Z.

I: Hemiteles laevigatus Rtzbg.—Brit

188. Eustaintonia pinicolella (Batrachedra) Z.—Cosmopterygid.—später im Gespinstgang

I: Horogenes nana Grv. (Dioctes elishae Bridgm.)—(Hedwig)

189. Exoteleia dodecella L. (Heringia, Teleia, Tinea—flavilaticella) —Gelechiid. (später in Gespinströhre)

B: Apanteles sp. vic. laevigatus—Gruppe—ČSR
— — praetor Mrsh.—ČSR
Habrobracon (Bracon) vic. stabilis Wsm.—ČSR

Macrocentrus abdominalis F.—ČSR
— palli(di)pes var. interstitialis Rtzbg. (Rhogas)—Gall, Germ
— sp. vic. marginator Nees—ČSR

Ch: Atoposomoidea (Cirrospilus) pulcherrimus Merc.—Austria, Mähren, Slowakei
Beierina pini Htg. (Mockrzeckia)—Germ
(Pteromalus)
Copidosoma geniculatum Dalm. (Encyrtus filicornis)—ČSR, Germ
Elachertus ?petiolatus Thn.—ČSR
Eupelmella (Eupelmus) vesicularis Rtzbg.—ČSR—auch hyper v. Copidosoma geniculatum
Eurytoma? rosae Nees—ČSR
Habrocytus sp.? eucerus Rtzbg.—ČSR
Hockeria unicolor Walk.—ČSR
Perilampus tristis Mayr—ČSR—hyper v. Actia nudibasis
Tetrastichus turionum Hgt.—ČSR—hyper v. Actia nudibasis u. Braconidae

D: Actia nudibasis Stein.—ČSR

I: Cremastus interruptor Grv.—N&MEurop.: Brit (M - RSm.), ČSR, Gall
Ephialtes buolianae Htg.—ČSR
— calobatus Grv. var. punctiventris Thn.—Germ (SR)
(Epiurus)
— roborator F.—ČSR
Hemiteles dodecellae Obrt. & Scal.—ČSR
Horogenes fenestralis Hgn.—ČSR
Jtoplectis alternans Grv.—Lettland
— maculator F.—ČSR
Pristomerus vulnerator Pz.—ČSR
Scambus (Ephialtes) brevicornis Grv.—ČSR, Lettland
(Epiurus euphrantae Schmdkn.)

P: Aphanogmus compressus Rtzbg. (Ceraphron, Hadroceras)—Germ (Tinea flavilaticella)
— sp.—ČSR
Telenomus sp.—ČSR

V: Bethylus sp.—ČSR

(Fomoria) = Stigmella

190. Gelechia hippophaella Schrk.—Gelechiid.—später zwischen versponnenen Trieben

B: Eubadizon extensor L. (pectoralis Nees)—Finnland

I: Ephialtes (Pimpla) nucum Rtzbg.—Germ: Borkum (Bauer)
Horogenes (Angitia) armillata Grv.—Stilfser Joch (Bauer)
— — rufipes Grv.—Brit

191. Gnorimoschema acuminatellum Sirc. (Gelechia, Lita, Phthorimaea)—Gelechiid.—Minen-u. Blattwechsel

B: Agathis (Bassus, Microdus) tumidulus Nees.—Brit
Orgilus obscurator Nees—Brit (+ G. acuminata)

192. Gnorimoschema brahmiellum Heyd. (Gelechia)

B: Bracon sbg. Habrobracon stabilis Wsm.—Germ

I: Horogenes (Angitia) cerophaga Grv.—Germ (Habermehl)

193. Gnorimoschema hübneri Hw. (Gelechia, Lita)—später in Blattgespinst

I: Horogenes (Angitia) fenestralis Hgn.—Germ: Niederweser (Bauer)

194. Gnorimoschema instabilellum Dougl. (Gelechia, Lita, Phthorimaea, instabilis Dgl.)

B: Apanteles viminetorum Wsm.—Belg, Brit, Germ

I: Omorgus ensator Grv. (Campoplex)—N&MEurop: Brit

195. Gnorimoschema maculeum Hw. (Gelechia, Lita)—später im Blattgespinst

B: Apanteles (Microgaster) meridionalis Hal.—Germ (SR)

I: Ephialtes (Pimpla) calobata Grv.—Germ (SR)
Scambus (Epiurus, Pimpla) brevicornis Grv.—Germ: ObLausitz

196. Gnorimoschema obsoletellum F.R. (Gelechia, Lita, Phthorimaea)—auch im Stengel

I: Horogenes (Angitia) fenestralis Hgn.—Dania (Sönderup), Germ (SR)
— rufipes Grv.—Brit

197. Gnorimoschema proclivellum Fuchs (Lita)

I: Horogenes (Angitia) sp.—Germ: Mittelrhein (Bauer)
Itoplectis (Pimpla) alternans Grv.—Germ: Mittelrhein (Bauer)

198. Gnorimoschema salicorniae E. Her. (Gelechia, Lita, Phthorimaea)—später frei in Gespinst, auch an der Erde

B: Apanteles sp.—Brit

I: Dicaelotus morosus Wsm.—Germ: Thüringen (Bauer)
Gelis monozonus Grv. (Pezomachus instabilis Frst.)—Germ (Bauer)
Omorgus (Campoplex) ensator Grv.—N&MEurop: Brit

199. Gnorimoschema tricolorellum Hw. (Gelechia, Lita, Phthorimaea)

B: Apanteles albipennis Nees—Brit, Germ, Holl
Orgilus laevigator Nees—Finnland

200. Gnorimoschema tussilaginellum Hein. (Lita)

I: Omorgus (Campoplex) borealis Zett.—Austria: NÖsterr. (Hedwig)

(Gracilaria) vide ac Caloptilia

201. Gracilaria syringella F. (Caloptilia, Grapholitha, Lithocolletis (Xanthospilapteryx, Tinea)—Gracilariid.—später in Blattrolle

B: Apanteles ardeaepennellae Bché.—MEurop.
— circumscriptus Nees (bicolor Nees)—Belg, Brit, Germ
— difficilis Nees—Europ. (Hedwig)
— dilectus Hal.—Austria, Brit, Germ, Polen (Hedwig)
— emarginatus Nees (Microgaster)—Germ (Bri)
— fuliginosus Wsm. (gracilariae Wlkn.)—Austria, Belg, Brit, Germ
— glomeratus L.—Brit
— impurus Nees—Belg, Brit, Germ
— var.—Austria
— lateralis Hal.—Europ.
— obscurus Nees—Europ
— ruficornis Nees (Microgaster)—Gall, Germ, Suec
— solitarius Rtzbg.—(Hedwig) (Grapholitha)
— viminetorum Wsm.—Belg, Brit, Germ
— xanthostigmus Hal.—Brit
Ascogaster rufidens Wsm.—Brit
Bracon sbg. Glabrobracon abscissor Nees—(Hedwig)
Earinus nitidulus Nees—(Fahrg.)

Ch: Atoposomoidea (Cirrospilus) pictus Westw.—Austria: Wien
— — var. coxalis F.—Wien
Dibrachys sp.—Wien
Mesidiopsis (Aphelinus) subflavescens Westw.—Polen (Nowicky)
Necremnus sp.—Wien
Pnigalio sp.—Wien
Sympiesis dolichogaster Ashm. (nowickyi Szelen.)—Wien

I: Anilasta tricincta Hgn.—Brit
Ephialtes calobata Grv.—Austria, Germ (Hedwig)
— (Pimpla) inquisitor Scop.—Brit
Hemiteles laevigatus Rtzbg.—Germ
Horogenes (Angitia) cerophaga Grv.—Germ
— — coleophorarum Rtzbg.—Brit, Germ (Lithocolletis)
— chrysosticta Gml.—Brit, Germ
Iseropus stercorator Fb. (Pimpla)—(Rondani)
Phaedroctonus cremastoides Hgn. (Nemeritis moderator L.)—Gall, Germ, SBayern
— syringellae Hedwig—Austria: Wien
— (Nemeritis) transfuga Grv.—Brit, Lettland, Russl.
Scambus (Epiurus, Pimpla) brevicornis Grv.—Austria
Triclistus podagricus Grv.—(Hedwig)

202. Griselda vacciniana Z. (Rhopobota, Steganoptycha)—Tortricid.—später Fensterfrass

B: Ascogaster bidentulus Wsm.—Germ (SR) (Steganoptycha)

I: Glypta baltica Hbm.—Ungarn (Steganoptycha)

203. Gypsonoma oppressana Tr. (Steganoptycha)—Tortricid.—später in Gespinströhre

B: Agathis (Microdus) rufipes Nees—Helvetia
Meteorus cinctellus Nees—Helvetia

204. Heringocrania unimaculella Z. (Eriocrania, Micropteryx, Memnonica)—Eriocraniid.

I: Tersilochus (Thersilochus) saltator F.—N&MEurop: Brit (M &RSm.), Gall, Suec.

205. Holocacista rivillei Stt. (Antispila, uvella Vall.)—Heliozelid.

Braconidae indet.—Ital

Ch: Atoposomoidea (Cirrospilus) subviolaceus Thn.—Europ
— vittatus Walk. (donatellae Mariani)—Sizilia
Entedon antispilae Rond.—Ital, Spanien
— rivillellae Rond.—Ital, Spanien
Omphale (Entedon) viticola Rond.—Ital
Pediobius (Pleurotropis) sp.—Ital
Tetrastichus sp.—Ital
Zagrammosoma (Cirrospilus) variegatus Masi—Europ

I: Ichneumon vitellinae Vall.—

206. Incurvaria intermediella Hein.—Incurvariid.—später im Sack

I: Itoplectis (Pimpla) maculator F.

207. Incurvaria koerneriella Z. (Lampronia)—später im Sack, skelettierend

I: Ecphoropsis vexans Hgn.—Dania
Omorgus (Campoplex) rothi Hgn.—Germ: Thüringen (Bauer)

208. Incurvaria muscalella F.—später im Sack

I: Hemiteles ornatus Bri—Germ (Bauer)
Omorgus (Campoplex) melanostictus Grv.—Germ (Bauer)

209. Incurvaria pectinea Hw. (Lampronia)—später im Sack

I: Atrometus geniculatus Hgn.—Finnland

210. Incurvaria praelatella Schiff. (Lampronia)—später im Sack

I: Omorgus (Campoplex) melanostictus Grv.—Brit

211. Incurvaria quadrimaculella Hfn. (trimaculella Hb. var. quadrimaculella Hfn.)—später im Sack

B: Microgaster tibialis Nees—Europ

(Lampronia) = Incurvaria
(Laverna) = Mompha

212. Leucoptera coronillae Hg.—Lyonetiid.

Ch: Atoposomoidea (Cirrospilus) subviolaceus Thn.—Europ

213. Leucoptera laburnella Stt. (Cemiostoma)—Lyonetiid.
B: Colastes decorator Hal.—Germ
D: Graphogaster brunnescens Vill.—Germ

214. Leucoptera lotella Stt. (Cemiostoma)
Ch: Tetrastichus lotellae Del.—Bayern
I: Caenocryptus rufiventris Grv.—Brit, Germ

215. Leucoptera lustratella H.S. (Cemiostoma)
B: Acoelius subfasciatus Hal.—Germ
Apanteles albipennis Nees—Brit

216. Leucoptera onobrychidella Klim. (Cemiostoma)
Ch: Tetrastichus sp.

217. Leucoptera scitella Z. (Cemiostoma)
B: Apanteles albipennis Nees—Brit
Ch: Chrysocharis orchestis Rtzbg.—Ital
— scitellae Frst.—Germ
Omphale montana Erd.—Ital
Pediobius sp.
Rhopalotus (Pleurotropis) vic. substrigosus Thn.—Ital—hyper v. Apanteles
Tetrastichus amethystinus Rtzbg. (Geniocerus)—Ital
— migrator Frst. (nigrator)—Ital
— pospjelovi Kurdj.—Ital

(Leucoptera sinuella Rtti.) = Paraleucoptera

218. Leucoptera spartifoliella (Cemiostoma)—in Stengelrinde!
Ch: Entedon parvicalcar Thn.—Germ (Wagner)
Tetrastichus charoba Walk. (punctiscuta Thn.)—Germ (Wagner)
— crassinervis Thn.—Germ (Wagner)
I: Gelis ruficornis Thbg. (Pezomachus comes Frst.)—Gall, Germ, Ital, Suec

218a. Leucoptera sp.
Ch: Zagrammosoma (Cirrospilus) variegatum Masi.—Europ

219. Leucoptera wailesella Stt. (Cemiostoma)
Ch: Hemiptarsenus wailesellae Nowicky—ČSR, Germ

220. Leucospilapteryx omissella Stt. (Gracilaria)—Gracilariid.
B: Apanteles fuliginosus Wsm.—MEurop. (Hedwig)
Microgaster marginatus Nees—Brit

(Levarchama) = Stigmella
(Lita) = Gnorimoschema

221. Lithocolletis acerifoliella L. (sylvella Hw., Phyllonorycter, Tinea)—Gracilariid.

B: Colastes (Exothecus) braconius Hal.—Austria (L. sylvella)

Ch: Atoposomoidea (Cirrospilus) lyncus Walk.—Europ
Chrysocharis (Entedon) orchestis Rtzbg.—(Rondani) (L. sylvella)
Derostenus sp.—Germ (Hedwig) (L. sylvella)
Elachertus obscuripes Rtzbg.—(Rondani) (L. sylvella)
Enaysma chrysostoma Thn.—(Elachistus leucobatus Rtzbg.)—(Rondani) (L. sylvella)
Epilampsis coxalis Del.—Europ.
— tadici Del.—Helvet
Habrocytus simulans Thn.—Ungarn (L. sylvella)
Pediobius (Pleurotropis) cribrifrons Thn.—Ungarn (L. sylvella)
Pnigalio (Eulophus) pectinicornis Fb.—Ungarn (L. sylvella)
Sympiesis sericeicornis Nees (feketei Györfi)—Germ (Hedwig), Ungarn (L. sylvella)
Tetrastichus (Geniocerus) xanthops Rtzbg.—Ungarn (L. sylvella)

I: Itoplectis (Pimpla) maculator Fb.—Brit, Germ (L. sylvella)
Pimpla turionellae L.—Ungarn (L. sylvella)

222. Lithocolletis acernella Z. (geniculella Rag., Tinea)

B: Colastes braconius Hal. (Exothecus debilis Wsm.)—ČSR, Germ: Westfalen
— (Exothecus) flavitarsis Thn.—ČSR, Germ (Hedwig)
Opius ochrogaster Wsm.—Gall

Ch: Chrysocharis (Entedon) orchestis Rtzbg.—Germ
?Derostenus sp.—ČSR (Hedwig)
Elachertus (Elachistus) obscuripes Rtzbg.—Germ
Enaysma chrysostoma Thn. (Elachertus, Elachistus leucobates Rtzbg.)—Germ

223. Lithocolletis ? agilella Z.

B: Agathis (Microdus) dimidiator Nees—Russl
Apanteles circumscriptus Nees—Slowakei

Ch: Atoposomoidea (Cirrospilus) lyncus Walk.—Europ.
Sympiesis sericeicornis Nees—ČSR—hyper v. Apanteles sp.

(Lithocolletis alniella Z.) = rajella L.

224. Lithocolletis alpina Frey

B: Apanteles carbonarius Wsm.—Austria (Mitterberger)
Colastes (Exothecus) braconius Hal.—Austria
— — foveolator Thn. (foveolatus)—Austria (Mitterberger)

Ch: Enaysma (Chrysocharis) chrysostoma Thn.—Austria (Mitterberger)
Eulophus stramineipes Thn.—Austria: ObÖsterr.
Habrocytus radialis Thn.—Austria (Mitterberger)
Pnigalio (Eulophus) longulus Zett.—Austria (Mitterberger)
Sympiesis sericeicornis Nees—Helvet.

I: Mesochorus anomalus Hgn.—Austria

225. Lithocolletis anderidae Fletch. vide ae 266

Ch: Hemiptarsenus dropion Walk.—Europ.—a. Betula nana
Sympiesis (Cladosympiesis) sandanus Walk.—Europ: Bayern

(Lithocolletis amyotella Dup.) = müllerella Z.
(— betulae Z.) = corylifoliella Hb.

226. Lithocolletis blancardella F. (Phyllonorycter)

B: Apanteles circumscriptus Nees (bicolor Nees, blancardellae Bché., flavolimbatus Rtzbg.)—Belg, Brit, Germ (Hedwig)
— corvinus Reinh.—Austria
— xanthostigma Hal.—Austria

Ch: Ageniaspis (Encyrtus) bucculathricis How.—(Leonardi)
Atoposomoidea (Cirrospilus) lyncus Walk.—Europ
— — pictus Nees—Austria
— — unifasciatus Frst.—Europ
Derostenus gemmeus Westw.—Austria
Enaysma aenea Del.—Austria
Eulophus blancardellae Bché.—Germ
— larvarum L. (dimidiatus Walk.)—Austria
— pilicornis Rtzbg.—Germ
— tarandicornis Frst.—Austria
— sp.—Austria
Hemiptarsenus sp.—Austria (Ruschka)
Pnigalio pectinicornis L.—Europ
Sympiesis sericeicornis Nees—Austria, ČSR
Tetrastichus inunctus Nees (Elachertus, Elachistus)—Austria (Elachistus roesellae Nees)—(Rondani)
— xanthops Rtzbg.—Europ

227. Lithocelletis blancardella sbsp. pomifoliella Z.—sive oxyacanthae Frey

B: Apanteles circumscriptus Nees (bicolor Nees)—Germ (Microgaster flavolimbatus Rtzbg.)

Ch: Enaysma (Elachistus) leucobates Rtzbg.—(Rondani)
Tetrastichus inunctus Nees (Entedon leptoneurus Rtzbg.)—(Rondani)

I: Ephialtes (Pimpla) rufata Gml.—(Rondani)
Ichneumon stilpnoides Rtzbg.—(Rondani)

(Lithocolletis bremiella L.) = nigrescentella Log.

228. Lithocolletis bruniella L.

B: Colastes (Exothecus) braconius Hal.—Europ

(Lithocolletis carpinicolella Stt.) = quinnata Geoffr.-Fourcr.

229. Lithocolletis carpinifoliella

B: Apanteles laetus Marsh.—Germ (Hedwig)

230. Lithocolletis cautella Z.

B: Colastes (Exothecus) braconius Hal.—Europ

231. Lithocolletis cavella Z. (Phyllonorycter, Tinea)

B: Acoelius subfasciatus Hal.—Brit
Apanteles cavella Zell.—(Leonardi)
— circumscriptus Nees (bicolor Nees, lautellus Marsh., Microgaster) — Belg, Brit, Germ, Ungarn
Colastes braconius Hal. (Exothecus debilis Wsm.)—Belg, Brit, Gall, Germ

Ch: Anaphes försteri Rtzbg.—Germ
Chrysocharis (Entedon) orchestis Rtzbg.—Germ
Cirrospilus elegantissimus Westw.—Germ
(Entedon flavoannulatus Rtzbg.)
Enaysma leucobates Rtzbg.—Germ, Ungarn
(Elachertus, Elachistus, Elachestus)
Elachertus obscuripes Rtzbg. (Elachestus)—Germ
Entedon chalybaeus Rtzbg.—Germ
— lunatus Rtzbg.—Germ
— luteipes Rtzbg.—Germ
— ochrealis Rtzbg.—Germ
Eulophus bulmerinquii Rtzbg.—Germ—hyper v. Apanteles circumscriptus
— obscurus Rtzbg.—(Entedon)—Germ
— pilicornis Rtzbg.—Germ
Pleurotropis (Elachertus) polita Rtzbg.—Gall, Germ
Pteromalus conoideus Rtzbg.—Germ
Sympiesis sericeicornis Nees (Entedon laticornis Rtzbg.)—Germ, Ungarn (Györfi)
Tetrastichus (Entedon) amethystinus Rtzbg.—Germ
— cyclogaster Rtzbg.—Germ, Suec
Trichomalus diachymatis Rtzbg. (Pteromalus orchestis Rtzbg.)—Gall, Germ

I: Ephialtes (Pimpla) nucum Rtzbg.—Brit (Billups)
Hemiteles sbg. Astomaspis submarginatus Bridgm.—Brit
Itoplectis (Pimpla) maculator Fb.—Brit

P: Microphanurus (Teleas) discolor Rtzbg.—Germ—i. Buchenblättern

232. Lithocolletis cerasicolella H.S. (mahalebella Mühl., padella Glitz, persicella Steud., domesticella Sorh.)

B: Apanteles circumscriptus Nees—Germ (+ L. domesticella Sorh.) (+ L. persicella Steud.)
— ultor Reinh.—Germ: ObLausitz
Colastes (Exothecus) braconius Hal.—Germ
Toxares deltiger Hgn.—Germ: ObLausitz (L. padella)

Ch: Atoposomoidea (Cirrospilus) lyncus Walk.—Europ
Sympiesis gordius Walk. (Eulophus padellae Rtzbg.)—Germ (+ L. padella)

I: Horogenes (Dioctes, Inareolata) jäckhi Bauer—(Hedwig)
— nana Grv. (Inareolata elishae Bridgm.)—(Hedwig)

233. Lithocolletis cerrutiella Hart.

Ch: Cirrospilus elegantissimus Westw.—Ital
Sympiesis gordius Walk.—N&MEurop

234. Lithocolletis comparella Z.

B: Apanteles circumscriptus Nees (lautellus Mrsh.)—Germ
Colastes (Exothecus) braconius Hal.—Germ

Ch: Epilampsis tadici Del.—Helvet

I: Mesochorus anomalus Hgn.—Germ

235. Lithocolletis concomitella Bnks. (Phyllonorycter)

B: Apanteles circumscriptus Nees—Europ (Fahringer)
(bicolor Nees, flavolimbatus Rtzbg.)

236. Lithocolletis connexella Z. (Phyllonorycter, Tinea)

Ch: Atoposomoidea (Cirrospilus) pictus Nees—Gall
— — — var. arcuatus Rtzbg. (Entedon)—Germ
Dibrachoides druso Walk. (Entedon communis Nees)—Germ
Entedon auronitens Rtzbg.—Germ
Eulophus connexus Rtzbg.—Germ
— obscurus Rtzbg.—Germ
Sympiesis (Teleogmus, Tetrastichus, Entedon) xanthostoma Rtzbg.—Germ

I: Scambus (Epiurus, Pimpla) sp.—Germ (SR)

237. Lithocolletis coryli Nic. (Phyllonorycter)

B: Apanteles circumscriptus Nees (lautelles Mrsh.)—N&MEurop: Brit
Colastes (Exothecus) foveolator Thn.—Germ (Wagner)

Ch: Atoposomoidea (Cirrospilus) lyncus Walk.—Europ
— unifasciata Frst.—Europ
Cirrospilus elegantissimus Westw.—(Leonardi)
Entedon nigrovirens Gour.—(Rondani) (L. corylella)
Pleurotropis polita Rtzbg.—Gall, Germ, Suec
Tetrastichus (Elachertus) inunctus Nees—Helvet

I: Ephialtes (Pimpla) nucum Rtzbg.—Germ: Loreley a. Rhein (Bauer)
Scambus sagax Atg.—(Leonardi)

238. Lithocolletis corylifoliella Hb.

B: Apanteles longicauda Wsm.

Ch: Atoposomoidea (Cirrospilus) lyncus Walk.—Europ
— — pictus Nees
— — subviolaceus Thn.—Europ
— — vittatus Walk.—Europ
Cirrospilus elegantissimus Westw.

Ch: Enaysma niveipes Thn.—Germ—(vermutl. ex Lyonetia clerckella)
Sympiesis acalle Walk.—ČSR
— gordius Walk.—N&MEurop
— sericeicornis Nees—ČSR
Zagrammosoma variegatum Masi—Europ

238a. Lithocolletis corylifoliella Hb. var. betulae Z.

Ch: Chrysocharis orchestis Rtzbg.—(Bri)
Cirrospilus elegantissimus Westw.—(Entedon punctatus Rtzbg.)—(Rondani)
Enaysma (Chrysocharis) niveipes Thn.—Germ
Entedon nigrovirens Gour.—(Rondani)
Eulophus connexus Rtzbg.—Germ (Bri)

I: Glypta bipunctoria Thbg. (flavolineata Grv.)—Germ: Thüringen sive: Acrolepia, Coleophora, Phycis

238b. Lithocolletis corylifoliella var. caledoniella Stt.

I: Scambus (Pimpla) sagax Htg.—Brit

(Lithocolletis cramerella F.) = harrisella L.

239. Lithocolletis cydoniella F.

B: Agathis tibialis Nees var.—NBöhmen (Zimmermann)

Ch: Epilampsis coxalis Del.—Europ

240. Lithocolletis cytisella Rbl.

Ch: Atoposomoidea (Cirrospilus) pictus Nees.—Canaren
Sympiesis sericeicornis Nees—Teneriffa

241. Lithocolletis delitella Z.

Ch: Atoposomoidea (Cirrospilus) lyncus Walk.—Europ
— — subviolaceus Thn.—Mähren
— — unifasciata Frst.—Europ
— — unipuncta Nees
Tetrastichus xanthops Rtzbg.—Europ

242. Lithocolletis distentella Z.

Ch: Atoposomoidea (Cirrospilus) lyncus Walk.—Europ
— unifasciata Frst.—Europ
Enaysma albiscapus Del.—Helvet
Pediobius linus Walk.—Europ. mediterran u. praealpin
Tetrastichus xanthops Rtzbg.—Europ—hyper v. Enaysma albiscapus

(Lithocolletis domesticella Sorh.) = cerasicolella H.S.

243. Lithocolletis dubitella H.S.

B: Apanteles nanus Reinh.—NBöhmen (Zimmermann)
— sp.—ČSR (Hedwig)
— viminetorum Wsm.—(Hedwig)
Colastes (Exothecus) braconius Hal.—Germ

Ch: Atoposomoidea (Cirrospilus) lyncus Walk.—Europ
Sympiesis sericeicornis Nees—ČSR (Hedwig)

I: Hemiteles infirmus Grv.—NBöhmen

244. Lithocolletis elutella

B: Apanteles circumscriptus Nees (bicolor Nees, Microgaster)—Germ (Bri.)

245. Lithocolletis emberizaepennella Bche. (Phyllonorycter, Tinea)

B: Apanteles circumscriptus Nees (bicolor Nees, Microgaster,—Belg, Brit, Germ
Colastes (Exothecus) intermedius Wsm.—Germ

Ch: Chrysocharis emberizaepennellae Frst.—Germ
— scutellaris Thn.—Bayern
Enaysma (Elachertus, Elachestus) leucobates Rtzbg.—Germ
Entedon auronitens Rtzbg.—Germ
Sympiesis sericeicornis Nees (Eulophus eneugamus Wlk.)—Germ (Hedwig) ČSR

I: Hemiteles laevigatus Rtzbg.—Germ: Schlesien, Riesengebirge (Hedwig)
Horogenes (Angitia) anura Thn.—sive: Stigmella (Nepticula) lonicerarum
— (Dioctes) melanius Thn.—Austria: Tirol
— nana Grv. (Angitia, Inareolata elishae Bridgm.)—Brit
— (Dioctes, Inareolata) parvicauda Thn.—Germ
Phaedroctonus (Nemeritis Campoplex) transfuga Grv.—Gall

246. Lithocolletis endryella Mann (Phyllonorycter)

B: Apanteles sicarius Marsh.—Gall

247. Lithocolletis fagicola

Ch: Aphycopsis (Encyrtus) tenuis Rtzbg.—Germ (Bri)
Chrysocharis orchestis Rtzbg.—Germ (Bri.)
Enaysma (Elachertus, Elachestus) leucobates Rtzbg.—Germ (Bri).
Epilampsis (Chrysocharis) laricinellae Rtzbg.—Germ (Bri.)
Eulophus connexus Rtzbg.—Germ (Bri.)
— subcutaneus Rtzbg.(? subcastaneus)—Germ (Bri.)
Pleurotropis politus Rtzbg.—Germ (Bri.)
Sympiesis sericeicornis Nees—Germ (Bri.)

(Lithocolletis faginella Z.) = maestingella Z.

248. Lithocolletis flavilaticella Z.

B: Macrocentrus pallidipes var. interstitialis Rtzbg. (Rhogas)—(Rondani)

Ch: Beierina (Pteromalus, Mokrzeckia) pini Htg.—(Rondani)
Copidosoma geniculatum Dalm. (Encyrtus filicornis Dalm.)—(Rondani)

P: Aphanogmus (Hadroceras) compressus Frst. Rtzbg.—(Rondani)

249. Lithocolletis fraxinella Z.

B: Apanteles fraxinellae Frst.—Germ

Ch: Hemiptarsenus sp.—Dania (Sönderup)
Necremnus sp.—Dania (Sönderup)

250. Lithocolletis froelichiella Z. (Phyllonorycter)

B: Apanteles circumscriptus Nees (bicolor Nees)—(Hedwig)
— nanus Reinh.—Austria

Ch: Eulophus sp.—Austria
Sympiesis sericeicornis Nees (Entedon laticornis Rtzbg.)—Austria, Germ
Tetrastichus (Geniocerus) amethystinus Rtzbg.—Ital

I: Hemiteles sbg. Astomaspis conformis Gml.—Brit

(Lithocolletis geniculella Rag.) = acernella Z.

251. Lithocolletis harrisella L. (cramerella Fb., Phyllonorycter, Tinea)

B: Apanteles circumscriptus Nees—Finnland
Colastes (Exothecus) braconius Hal.—Belg, Brit, Gall, Germ

Ch: Ageniaspis sbg. Holcothorax testaceipes Rtzbg.—Austria: NÖsterr., (Encyrtus) Gall, Germ
Enaysma (Chrysocharis) niveipes Frst.—Germ: Westfalen
— septentrionalis Del.—Brit
Entedon auronitens Rtzbg.—Germ
— impeditus Rtzbg.—Germ
— latreillei Curt.—Brit, Gall
— nigrovirens Gour.—(Rondani)
Epilampsis coxalis Del.—Helvet.—sive: L. quercifoliella
Sympiesis gordius Walk. (Eulophus stramineipes Thn.)—Germ
Torymus nigricornis Boh. (regius Nees)—Germ: Westfalen

I: Haplaspis nanus Grv. (Hemiteles sbg. Astomaspis fulvipes Grv.)—(Hemiteles? socialis Rtzbg.)— Germ: ObLausitz (Hedwig)

252. Lithocolletis heegeriella Z.

B: Colastes (Exothecus) braconius Hal.—Polen

Ch: Entedon auronitens Rtzbg.—Germ
— cavicornis Rtzbg.—Germ
Eulophus obscurus Rtzbg.—Germ
Sympiesis sericeicornis Nees—Germ (Hedwig)

253. Lithocolletis helianthemella H.S.

Ch: Atoposomoidea (Cirrospilus) staryi Bouč.—Böhmen
Hemiptarsenus dropion Walk.—ČSR
— wailesellae Nowicky—Slowakei
Sympiesis (Cladosympiesis) gregori Bouč.—ČSR

254. Lithocolletis hortella F. (Elachista, Phyllonorycter—kühlweiniella Z., saportella Z.)

Ch: Atoposomoidea (Cirrospilus) subviolaceus Thn.—Europ
Entedon auronitens Rtzbg.—Germ (+ L. laportella, L. saportella)
— cavicornis Rtzbg.—Germ (+ L. kühlweiniella)

Sympiesis acalle Walk. (Entedon nubeculatus Rtzbg.)—Germ (+ L. kühlweiniella)
— gordius Walk.—N&MEurop
— sericeicornis Nees—Germ: Stettin, ČSR

I: Itoplectis (Pimpla) alternans Grv.—Brit, Germ

(Lithocolletis joannisi Le March.) = platanoidella Joann.

255. Lithocolletis junoniella Z. (vacciniella Stt., Phyllonorycter)

B: Apanteles circumscriptus Nees—NBöhmen (Zimmermann), Dania, Belg, (bicolor Nees) Brit, Germ (Hedwig)
— contaminatus Hal.—Brit. (L. vacciniella)
— punctiger Wsm.—Germ: ObLausitz

256. Lithocolletis kleemannella F. (Phyllonorycter)

B: Bracon sbg. Orthobracon variegator F.—(Hedwig)
Colastes (Exothecus) intermedius Wsm.—Germ (Hedwig)

Ch: Encyrtidae indet.—Brit

(Lithocolletis kühlweiniella Z.) = hortella F.

257. Lithocolletis lantanella Schrk. (Phyllonorycter)

B: Apanteles circumscriptus Nees (bicolor Nees, lautellus Mrsh.)—Belg, Brit, Germ (Hedwig)
— nanus Reinh.—Brit
— nothus Reinh.—Brit (Billups)
Colastes (Exothecus) braconius Hal.—Belg, Brit, Gall, Germ

I: Stictopisthus formosus Bridgm.—Germ: ObLausitz—hyper

258. Lithocolletis lautella Z. (Phyllonorycter)

B: Apanteles circumscriptus Nees (lautellus Mrsh.)—Brit, Germ
Colastes (Exothecus) braconius Hal.—Belg, Brit, Germ, Gall

Ch: Tetrastichus cyclogaster Rtzbg.—Austria

259. Lithocolletis maestingella Z. (faginella Z.)

Ch: Atoposomoidea diallus Walk.—Europ.—a. Fagus
Epilampsis coxalis Del.—Europ
Sympiesis sericeicornis Nees—ČSR, Helvet
Tetrastichus xanthops Rtzbg.—Europ

(Lithocolletis mahalebella Mühl.) = cerasicolella H.S.

260. Lithocolletis malifoliella Z.

Ch: Pleurotropis (Elachistus) polita Rtzbg.—(Rondani)

261. Lithocolletis manni Z.

B: Apanteles circumscriptus Nees—Slowakei

Ch: Atoposomoidea (Cirrospilus) subviolaceus Thn.—ČSR

262. Lithocolletis mespilella Frey (torminella Frey, Phyllonorycter)

B: Bracon sbg. Orthobracon variegator Spin.—Belg, Brit, Gall, Germ
— — var.

Ch: Chrysocharis sp.—Brit
Sympiesis sericeicornis Nees—ČSR

263. Lithocolletis messaniella Z. (Phyllonorycter)

B: Apanteles circumscriptus Nees—Brit

Ch: Achrysocharis formosa Westw.—Europ
Ageniaspis? atricollis Dalm.—Europ
Atoposomoidea diallus Walk.—Europ
— lyncus Walk.—Europ
— pulchra Masi—Sardinien, Tessin, Toskana—hyper v. Apanteles circumscriptus
— (Cirrospilus) subviolaceus Thn.—Europ
— unifasciata Frst.—hyper v. Enaysma splendens
— unipuncta (Nees) Thn.—hyper v. Enaysma splendens
Cirrospilus elegantissimus Westw.—Europ
Closterocerus trifasciatus Westw.—Ital: Tessin—hyper v. Apanteles circumscriptus
Enaysma parva Del.—Ital: Sardinien
— splendens Del.—Helvet, Ital
Epilampsis coxalis Del.—hyper v. Apanteles circumscriptus
— gemma Walk.—Toskana
— tadici Del.—hyper v. Apanteles circumscriptus
Omphale sp. nov.—Europ.
Pediobius linus Walk.—hyper v. Apanteles circumscriptus v. Enaysma albiscapus, splendens
Pnigalio cromus Walk.—Mediterran
— pectinicornis L.—Ital-hyper v. Enaysma splendens
Sympiesis gordius Walk. (Eulophus padellae Rtzbg.)—hyper v. Enaysma splendens
Tetrastichus (Elachertus) inunctus Nees—Europ
— xanthops Rtzbg.—Europ.—hyper v. Apanteles circumscriptus, Enaysma splendens, Pediobius, Atoposomoidea unifasciata, Pnigalio pectinicornis

264. Lithocolletis millierella Stgr. (Phyllonorycter)

B: Apanteles circumscriptus Nees (bicolor Nees, Microgaster)—Belg, Brit, Germ (fals. mulierella)

265. Lithocolletis müllerella Z. (amyotella Dup.)

B: Apanteles nanus Reinh.—Brit, Germ, Suec (L. amyotella)
Colastes (Exothecus) flavitarsis Thn.—Germ (SR) (L. amyotella)

266. Lithocolletis nanella Pet. (anderidae Fletch.) (vide ac 225)

B: Apanteles circumscriptus Nees (umbellatarum Hal.)—SBayern
— nanus Reinh.—SBayern

Ch: Atoposomoidea (Cirrospilus) vittatus Walk.—SBayern
Chrysocharis scutellaris Thn.—SBayern
Elachertus viridulus Thn.—SBayern
Elasmus viridiceps Thn.—SBayern
Habrocytus sp.—SBayern
Hemiptarsenus dropion Walk. (fulvicollis Westw.)—SBayern
— unguicellus (Zett.) Thn.—SBayern
Pnigalio pectinicornis Frst.—SBayern

I: Gelis quaesitorius Frst.—SBayern—hyper v. Apanteles umbellatarum
— vagans Oliv.—SBayern—hyper v. Apanteles umbellatarum

267. Lithocolletis nicellii Stt. (Phyllonorycter)

B: Apanteles circumscriptus Nees—MEurop (Hedwig)
Colastes (Exothecus) braconius Hal.—MEurop (Hedwig)

Ch: Epilampsis gunholdi Del.—Helvet
Pnigalio (Eulophus) pectinicornis L.—Germ (Hedwig)

I: Ephialtes (Epiurus, Pimpla) calobatus Grv.—Germ (SR)

268. Lithocolletis nigrescentella Log. (bremiella Frey, Phyllonorycter)

B: Apanteles circumscriptus Nees—Brit Dania (Sönderup)
Colastes (Exothecus) braconius Hal.—Belg, Brit, Gall, Germ
— — intermedius Wsm.—Germ

I: Hemiteles sbg. Astomaspis submarginatus Bridgm.—Brit

269. Lithocolletis oxyacanthae Frey

Ch: Eulophus sp.—ČSR (Hedwig)
Pnigalio (Eulophus) pectinicornis L.—ČSR (Hedwig)
— sp.—Dania (Sönderup)
Sympiesis gordius Walk.—N&MEurop
— sericeicornis Nees—ČSR (Hedwig)

I: Horogenes (Dioctes) melanius Thn.—ČSR, Schlesien (Hedwig)
— (Inareolata) nana Grv.—(Dioctes elishae Bridgm.)—Germ (Hedwig)

(Lithocolletis padella Glitz) = cerasicolella H.S.

270. Lithocolletis pastorella Zell.

Ch: Atoposomoidea (Cirrospilus) diallus Walk.—

(Lithocolletis persicella Steud.) = cerasicolella H.S.

271. Lithocolletis platani Stgr. (Phyllonorycter)

B: Apanteles laetus Mrsh.—Ungarn (Györfi)
— nanus Reinh.—Germ
Colastes (Exothecus) braconius Hal.—Ungarn (Györfi)

Ch: Achrysocharis (Closterocerus) formosa Westw.—Ungarn (Györfi)
Atoposomoidea (Cirrospilus) lyncus Walk.—Europ
— pulchra Masi—Ital
— unifasciata Frst.—Ital

Chrysocharis facialis Frst.—Ungarn (Györfi)
— petiolata Frst.—Ungarn (Györfi)
Cirrospilus elegantissimus Westw.—Ital, Mähren
(Plesiospilus, Eulophus unistriatus Frst.)
Closterocerus trifasciatus Westw.—Ungarn (Györfi)
Entedon auronitens Rtzbg. var. turcicus Fahrg.—Türkei
Epilampsis (Chrysocharis) boops Thn.—Ungarn (Györfi)
Eulophus sp.—Ungarn (Györfi)
Habrocytus chlorogaster Thn.—Ungarn (Györfi)—vermutl. hyper v. Braconidae
— simulans Thn.—Ungarn (Györfi)
Pediobius linus Walk. (grandii Ferr., Pleurotropis)—Ital
Pleurotropis cribrifrons Thn.—Ungarn (Györfi)
— strigiscuta Thn.—Ungarn (Györfi)
Pnigalio (Eulophus) pectinicornis L.—Ungarn (Györfi)
Sympiesis gordius Walk. N&MEurop
— sericeicornis Nees (feketei Györfi)—Ungarn (Györfi)
— — var. — SGall, Ital, Tirol
— — var. fulvipes Györfi—Ungarn (Györfi)
— xanthostoma Nees (Teleogmus, szelenyi Györfi)—Ungarn (Györfi)
Tetrastichodes (Tetrastichus) platanellus Merc.—SGall, Ital, Tirol
Tetrastichus cyclogaster Rtzbg.—Ungarn (Györfi)
— flavovarius Nees—Ungarn (Györfi)
— xanthops Rtzbg.—Ungarn (Györfi)
— xanthpous Nees—Ungarn
Torymus (Callimome) frater Thn.—Ungarn (Györfi)

I: Pimpla turionellae L.—Ungarn (Györfi)
Scambus (Pimpla) sagax Htg.—Ungarn (Györfi)
Triclistus podagricus Grv.—Ungarn (Györfi)

272. Lithocolletis platanoidella Joann. (joannisi Le March.)

Ch: Epilampsis gunholdi Del.—Germ, Helvet

(Lithocolletis pomifoliella Z.) = blancardella F.sbsp. pomifoliella Z. (—pomonella Z.) = sorbi Frey

273. Lithocolletis populifoliella Tr. (Phyllonorycter, Tinea)

B: Apanteles circumscriptus Nees (bicolor Nees, flavolimbatus Rtzbg., (Microgaster)—Europ: Germ
Colastes (Exothecus) braconius Hal.—Ungarn

Ch: Ageniaspis sbg. Holcothorax (Encyrtus) testaceipes Rtzbg.—NÖsterr, Gall, Germ
Atoposomoidea (Cirrospilus) pictus Nees—Böhmen, Gall
— var. arcuatus Rtzbg. (Entedon)—Germ
Chrysocharis orchestis Rtzbg. (Entedon)—Germ
— smirnovi Buk.—Russl
— sp.—Russl
Cirrospilus elegantissimus Westw. (Entedon flavomaculatus Rtzbg.)—ČSR, Germ, Jugosl, Tessin
— sp.—ČSR

Ch: Derostenus sp.—ČSR
Enaysma altilis Del.—Jugosl
— leucobates Rtzbg. (Elachertus, Elachestus) —Germ
Entedon chalybaeus Rtzbg.—Germ
— laetus Rtzbg.—Germ
Epilampsis boops Thn. (Chrysocharis)—Russl
— tadici Del.—Jugosl
Eulophus sp.—Russl
Geniocerus (Tetrastichus) flavimanus Thn.—Ungarn
Habrocytus sp.—Russl
Pnigalio (Eulophus) longulus Zett.—Russl
— pectinicornis L.—Gall
Sympiesis acalle Walk. (Eulophus bifasciatus Thn.)—Germ
— dolichogaster Ashm. (nowickyi Szelenyi)—Ungarn (Györfi)
— gordius Walk. (Eulophus stramineipes Thn.)—Russl, N&MEurop
— sericeicornis Nees (Entedon laticornis Rtzbg.)—ČSR, Gall, Russl, Ungarn
— xanthostoma Nees (frontalis Nees, Eulophus, Teleogmus)—Germ
Tetrastichus brevicornis Nees—Russl
— cyclogaster Rtzbg.—Russl
Winnemana sp.—Russl

I: Itoplectis (Pimpla) curticauda Kchb.—Ungarn

274. Lithocolletis pruni

B: Apanteles circumscriptus Nees (bicolor Nees, Microgaster)—Germ (Bri)

275. Lithocolletis pyrifoliella Bnks.

Ch: Atoposomoidea (Cirrospilus) lyncus Walk.—Europ
— pictus Nees
— subviolaceus Thn.—Europ
Cirrospilus elegantissimus Westw.
Sympiesis acalle Walk.—ČSR
— gordius Walk.—N&MEurop
— sericeicornis Nees—ČSR

276. Lithocolletis quercifoliella Z. (Phyllonorycter)

B: Apanteles circumscriptus Nees (bicolor Nees)—Spanien
— hoplites Rtzbg. (Microgaster)—Germ
Colastes braconius Hal. (Exothecus debilis Wsm.)—Belg, Brit, Ga , Germ
Opius sp.—ČSR

Ch: Ageniaspis sbg. Holcothorax (Encyrtus) testaceipes Rtzbg.—NÖsterr., Dania, Gall, Germ
Atoposomoidea (Cirrospilus) diallus Walk.—Europ
— lyncus Walk.—Europ
— subviolaceus Thn.—ČSR
— unifasciata Frst.—Europ
Chrysocharis (Entedon) orchestis Rtzbg.—Germ
— sp.—Spanien
Cirrospilus elegantissimus Westw.—Germ
(Entedon flavomaculatus Rtzbg.)

Closterocerus sp.—Spanien
— trifasciatus Westw.—Gall
Derostenus salicis Hal.—Germ: Westfalen
— sp.—ČSR (Hedwig)
Enaysma leucobates Rtzbg. (Elachertus, Elachestus)—Germ
Entedon luteipes Rtzbg.—Germ
Epilampsis (Derostenus) elongatus Thn.—Germ: Westfalen
Eulophus subcutaneus Rtzbg. (?subcastaneus)—Germ (Bri)
Pediobius linus Walk.—Europ: mediterran u. präalpin
Pleurotropis (Elachestus) polita Rtzbg.—Germ, Suec
Pnigalio (Eulophus) pectinicornis L.—Gall, Germ
Sympiesis gordius Walk.—N&MEurop
— sericeicornis Nees (Entedon laticornis Rtzbg.)—ČSR, Germ, Spanien—? hyper
Tetrastichus cyclogaster Rtzbg.—Germ (Bri)
— xanthops Rtzbg.—Europ

I: Itoplectis (Pimpla)? alternans Grv.—Germ

277. Lithocolletis quinnata Geoffr.-Fourcr. (carpinicolella Stt.)

Ch: Epilampsis gunholdi Del.—Helvet

278. Lithocolletis quinqueguttella Stt.

Ch: Sympiesis euspilapterygis Erd.—Austria, ČSR, Ungarn

279. Lithocolletis rajella Z. (alniella Z., alnifoliella Dup., Phyllonorycter, Tinea)

B: Acoelius (Adelius) subfasciatus Hal.—Brit
Apanteles circumscriptus Nees (laetus Mrsh.)—Austria, Germ, Slowakei
— sessilis Jll. (Microgaster)—Germ
Colaster (Exothecus) braconius Hal.—ČSR (Hedwig)

Ch: Ageniaspis sbg. Holcothorax testaceipes Rtzbg. (Encyrtus)—NÖsterr, Gall, Germ
Entedon auronitens Rtzbg.—Germ
— luteipes Rtzbg.—(Leonardi)
Eulophus pilicornis Rtzbg.—(Leonardi)
Mesopolobus (Pteromalus) ratzeburgi Gir.—(Mischart)—(Leonardi)
Pleurotropis (Asecodes) polita Rtzbg.—Gall
— sp.—Dania (Sönderup)
Sympiesis gordius Walk.—N&MEurop
— sericeicornis Nees (Entedon laticornis Rtzbg.)—ČSR, Germ

I: Ephialtes (Pimpla) nucum Rtzbg.—Germ: Berlin (Bauer)
Iseropus stercorator F. (Pimpla graminellae Schrk.)—(Leonardi)
Mesochorus anomalus Hgn.—Austria: Wien
Scambus detritus Hgn. (Ephialtes inanis Schrk.)—(Rondani)

279a. Lithocolletis rajella hauderiella Rbl.

Ch: Sympiesis sericeicornis Nees—ČSR

280. Lithocolletis roborella L.

B: Apanteles circumscriptus Nees (fraternus Reinh.)—Austria

281. Lithocolletis roboris Z. (roborifoliella Z., Phyllonorycter)

B: Apanteles circumscriptus Nees (fraternus Reinh.)—Germ
Aspilota ruficornis Nees—(Hedwig)

Ch: Achrysocharis formosa Westw.—Tessin, Toskana
Atoposomoidea (Cirrospilus) lyncus Walk.—Europ
— unifasciata Frst.—Europ
Cirrospilus stigmaticus Gour.—(Leonardi)
Elachertus (Elachestus) obscuripes Rtzbg.—Germ (Tinea roborifoliella)
Enaysma albiscapus Del.—Helvet
Encyrtus pusillus Gour.—(Rondani)
Pediobius linus Walk.—Europ: mediterran u. präalpin
Pnigalio pectinicornis L.—Europ
Tetrastichus cyclogaster Rtzbg.—Austria
— xanthops Rtzbg.—Europ

282. Lithocolletis sagitella Bjk. (tremulae Z., tremulella)

Ch: Cirrospilus fonterius Gour.—(Rondani) (L. tremulae)
— halidayanus Gour.—(Rondani) (L. tremulae)

I: Horogenes (Angitia) trochanterata Thn.—Germ (Bauer) (L. tremulae)

283. Lithocolletis salicicolella Sirc.

Ch: Enaysma zwölferi Del.—Germ

I: Ephialtes (Pimpla) vesicaria Rtzbg.—NBöhmen

284. Lithocolletis salictella Z.

B: Apanteles tetricus Reinh.—Germ: ObLausitz

Ch: Atoposomoidea (Cirrospilus) pictus Nees—ČSR—auch hyper v. Apanteles
— vittatus Walk.—Europ
Sympiesis sericeicornis Nees—ČSR

I: Triclistus areolatus Thn.—Germ (Hedwig)

(Lithocolletis saportella Hb.) = hortella F.

285. Lithocolletis scabiosella Dgl.

B: Apanteles ardeaepennellae Bché.—NÖsterr. (Klimesch)
—circumscriptus Nees—Brit, Germ

286. Lithocolletis schreberella F. (ulminella Z., Phyllonorycter)

B: Acoelius (Adelius) subfasicatus Hal.—Brit
Apanteles circumscriptus Nees—Brit, Germ
(bicolor Nees, lautellus Mrsh.)
Colastes (Exothecus) braconius Hal.—Brit

Ch: Atoposomoidea (Cirrospilus) pictus Nees—Gall
— — — var. arcuatus Rtzbg.—(Entedon)—Brit
— subviolaceus Thn.—Europ

Chrysocharis schreberellae Frst.—Germ
Enaysma chrysostoma Thn.—Bayern
— leucobates Rtzbg. (Elachertus, Elachestus)—Germ
Epilampsis laevigata Del.—Bayern
Eulophus bulmerinquii Rtzbg.—Germ
— pilicornis Rtzbg.—Germ
Pleurotropis (Elachestus) polita Rtzbg.—Germ, Suec
Sympiesis gordius Walk. (Entedon, Eulophus padellae Rtzbg.)—Germ (L. ulminella)
— sericeicornis Nees—ČSR Germ (Wagner)

I: Hemiteles laevigatus Rtzbg.—MEurop (Hedwig)
— sbg. Astomaspis submarginatus Bridgm.—Brit
Itoplectis (Pimpla) maculator Fb.—Brit

287. Lithocolletis scitulella Zell.

Ch: Sympiesis gordius Walk.—N&MEurop

288. Lithocolletis scopariella Z.

B: Apanteles circumscriptus Nees (bicolor Nees)—Europ

289. Lithocolletis sorbi Frey (pomonella Z., sorbifoliella, Tinea)

B: Apanteles circumscriptus Nees—Europ: mediterran u. präalpin

Ch: Atoposomoidea (Cirrospilus) pictus Nees—ČSR
— — — var. arcuatus Rtzbg. (Entedon)—Germ
Chrysocharis scutellaris Thn.—Helvet: Bern
Enaysma (Elachertus, Elachestus) leucobates Rtzbg.—Germ
Epilampsis coxalis Del.—Europ
— laevigata Del.—Germ
Eulophus bulmerinquii Rtzbg.—Germ (+ L. pomonella)
Hemiptarsenus dropion Walk.—Europ
Sympiesis gordius Walk. (Entedon, Eulophus padellae Rtzbg.)—Germ
— sericeicornis Nees (Entedon laticornis Rtzb.)—ČSR (L. pomonella)
Tetrastichus inunctus Nees (Entedon leptoneurus Rtzbg.)—Germ

289a. Lithocolletis spp.

B: Acoelius subfasciatus Hal.—Gall
Apanteles circumscriptus Nees—Ital—a. Alnus glutinosa u. Viburnum
Colastes decorator Hal.—Gall
— braconius Hal. (Exothecus debilis Wsm.)—Gall, Germ, Polen, Slowakei—a. Salix cinerea
Oncophanes minutus Wsm.—Germ

Ch: Achrysocharis formosa Westw.—Helvet
Ageniaspis atricollis Dalm.—Europ—a. Alnus glutinosa
— sbg. Holcothorax testaceipes Rtzbg.—Germ—a. Rhamnus cathartica
Atoposomoidea (Cirrospilus) diallus Walk.—Böhmen, Slowakei—a. Quercus
— lyncus Walk.—a. Acer platanoides, Alnus glutinosa, Malus
— luteus Buk.—Mähren, Russl—a. Quercus cerris
— pictus Nees—Böhmen—a. Quercus

— subviolaceus Thn.—Europ—a. Quercus
— unifasciatus Frst.—Europ—a. Alnus glutinosa
— unipuncta Nees—Tessin—a. Quercus
Cirrospilus (Elachistus) elegantissimus Westw.—Gall, Germ—a. Alnus glutinosa u. Quercus
Copidosoma (Encyrtus) citripes Rtzbg.—(Rondani)
— hilaris Rtzbg.—(Rondani)
Elachertus reticulatus Rtzbg.—Germ
— sublaevis Thn. (Entedon geniculatus Rtzbg.)—Germ
Enaysma splendens Del.—Germ, Helvet.—a. Alnus glutinosa
— zwölferi Del.—Helvet—a. Salix nigricans u. S. purpurea
Entedon auronitens Htg.—(Rondani)
— cavicornis Bché.—(Rondani)
— sesquifasciatus Rtzbg.—Germ
— transparens Rtzbg.—(Rondani)
— unicostatus Rtzbg.—Germ
Epilampsis gunholdi Del.—Helvet.—a. Quercus robur
— coxalis Del.—Nordalpin—a. Quercus pedunculata
— tadici Del.—Tessin—a. Alnus u. Populus
Eulophus bulmerinquii Rtzbg.—Germ
— niobe Walk.—Germ—a. Schlehen
— pilicornis Rtzbg.—(Rondani)
— subcutaneus Rtzbg.—(Gir.-Lab.)
Ooctonus vulgatus Hal.—Gall
Pediobius linus Walk.—Helvet
Sympiesis acalle Walk.—Böhmen
— gordius Walk.—Europ—a. Alnus, Populus, Quercus, Salix caprea
(Eulophus cervicornis Frst.)—Germ—a. Quercus
(— laevissimus Rtzbg.)—Germ
(— padellae Rtzbg.)—Europ: praealpin—a. Alnus, Populus, Quercus
Sympiesis sericeicornis Nees (Entedon laticornis Rtzbg.)—ČSR, Germ, Russl, Schlesien—a. Alnus glutinosa, Fagus, Populus u. Quercus —auch hyper v. Apanteles
— xanthostoma Rtzbg. (Teleogmus, Entedon)—Germ
Tetrastichus amethystinus Rtzbg. (Entedon)—(Rondani)
— xanthops Rtzbg.—Germ, Helvet—a. Fagus
Chalcididae indet.—Germ—a. Apfel

I: Campoplex (Limneria) paniscus Grv.—Brit
Ephialtes (Pimpla) nucum Rtzbg.—Germ—a. Alnus u. Betula (Bauer)
Exochus lentipes Grv.—(Rondani)
Glyptoteres sp.—(Rondani)
Hemiteles areator Pz.—Germ
— similis Gml.—Gall
Inareolata (Dioctes) apostata Grv.—Tirol—a. Lonicera
Triclistus (Exochus) laevigatus Rtzbg.—(Rondani)
— podagricus Grv.—Germ (Bri)—a. Birne

290. Lithocolletis spinicolella Z. (Phyllonorycter)

B: Apanteles circumscriptus Nees—Belg, Brit, Germ
(bicolor Nees, umbellatarum Hal.)
Colastes braconius Hal.—Brit (Billups)

Ch: Atoposomoidea (Cirrospilus) lyncus Walk.—Europ
 — pictus Nees—Böhmen
 Epilampsis coxalis Del.—Helvet
 Sympiesis acalle Walk.—ČSR
 — sericeicornis Nees—ČSR, Germ
I: Hemiteles similis Gml.—Brit—auch hyper v. Apanteles (Microgaster)

291. Lithocolletis spinolella Dup. (spinonella, Phyllonorycter)

B: Apanteles circumscriptus Nees (umbellatarum Hal.)—(Hedwig)
 —?xanthostigmus Hal.—ČSR
 Aspilota ruficornis Hal—(Fahringer)
Ch: Atoposomoidea (Cirrospilus) lyncus Walk.—Europ
 Eulophus obscurus Rtzbg.—Germ
 Pleurotropis polita Rtzbg.—Germ, Suec
 Sympiesis gordius Walk.—N&MEurop
 — sericeicornis Nees—ČSR

292. Lithocolletis stettinensis Nic. (Phyllonorycter)

B: Apanteles circumscriptus Nees (bicolor Nees, laetus Mrsh)—(Fahringer)
 Orgilus? rubrator Rtzbg.—(Hedwig)
Ch: Ageniaspis atricollis Dalm.—Gall
 — sbg. Holcothorax (Holcotheras) fuscicollis Dalm.—Germ (Bri)
I: Ephialtes (Pimpla) calobata Grv.—Germ: ObLausitz
 Pimpla examinator F.—Ungarn (Györfi)

293. Lithocolletis strigulatella Hw. (stringulatella, Tinea)

B: Apanteles sessilis Nees—Germ
Ch: Enaysma splendens Del.—Germ: ObLausitz
 Entedon luteipes Rtzbg.—Germ
 Epilampsis tadici Del.—Helvet
 Eulophus pilicornis Rtzbg.—Germ
 Sympiesis gordius Walk.—N&MEurop
 — sericeicornis Nees (Entedon laticornis Rtzbg.)—Germ
I: Scambus detritus Hgn. (Epiurus, Pimpla inanis Schrk.)—Germ

(Lithocolletis sylvella Hw.) = acerifoliella Z.
(— tenella Z.) = tenerella Joann.

294. Lithocolletis tenerella Joann. (tenella Z., Phyllonorycter, Scythropia)

B: Apanteles circumscriptus Nees—Germ
 Colastes braconius Hal. (Ecothecus debilis Wsm.)— Belg, Brit, Gall, Germ (SR)
Ch: Epilampsis gunholdi Del.—Helvet
 Pnigalio (Eulophus) pectinicornis L.—Germ (Hedwig)
 Sympiesis sericeicornis Nees—Germ (Hedwig)
I: Hemiteles cinctus L. (bicolorinus Grv.)—Europ

(Lithocolletis temulae Z.) = sagitella Bjk.

295. Lithocolletis trifasciella Hw.—(Cameraria)

I: Scambus (Epiurus, Pimpla) sagax Htg.—Brit

296. Lithocolletis tristrigella Hw. (Cameraria)

B: Colastes (Exothecus) braconius Hal.—Belg, Brit, Gall, Germ

Ch: Derostenus sp.—Germ (Hedwig)
Sympiesis sericeicornis Nees—Germ (Wagner)

297. Lithocolletis turionellae Z.

I: Pimpla turionellae L.—(Rondani)
— — var. mixta Rtzbg.—(Rondani)

298. Lithocolletis ulmifoliella Hb. (Phyllonorycter)

B: Apanteles circumscriptus Nees (lautellus Mrsh.)—Germ, Slowakei
Colastes (Exothecus) braconius Hal.—MEurop (Hedwig)

Ch: Atoposomoidea (Cirrospilus) lyncus Walk.—Europ
— pictus Nees—(Leonardi)
Cirrospilus elegantissimus Westw. (Entedon flavomaculatus Rtzbg.)—Germ
Encyrtus termes (?tenuis Walk.)—SE
Entedon luteipes Rtzbg.—SE
— sp.—ČSR (Hedwig)
Epilampsis (Chrysocharis) laricinellae Rtzbg.—SE
Eulophus bulmerinquii Rtzbg.—(Leonardi)
— pilicornis Rtzbg.—(Leonardi)
Pnigalio (Eulophus) pectinicornis L.—SE
Pseudencyrtus clavellatus Dalm. (Encyrtus, Microterys)—SE
Pleurotropis (Elachistus) politus Rtzbg.—(Leonardi)
Sympiesis sericeicornis Nees (Entedon laticornis Rtzbg.)—ČSR, Germ, Suec
Tetrastichus cyclogaster Rtzbg.—SE

I: Horogenes (Angitia, Inareolata) exareolata Rtzbg.—Brit
— (Angitia) tibialis Grv.—MEurop (Hedwig)

(Lithocolletis ulminella Z.) = schreberella F.
(— vacciniella Stt.) = junoniella Z.

299. Lithocolletis viminetorum Stt.

I: Scambus (Epiurus, Pimpla) pomorum Rtzbg.—Germ: ObLausitz (Hedwig)

(Lophoptilus) = Mompha

300. Lyonetia clerkella L. (Elachista)—Lyonetiid.

B: Apanteles fuliginosus Wsm.—Belg, Brit, Gall, Germ

Ch: Achrysocharis lyonetiae Ferr.—Helvet
Atoposomoidea (Cirrospilus) pictus Nees—Helvet, Suec
— — vittatus Walk.—Dania, Helvet, Suec

Chrysocharis syma Walk. (aeneiscapus Thn.)—mis.: ? Enaysma sp.
Closterocerus trifasciatus Westw.—Helvet, Suec
Diglyphus isaea Walk.—(Solenotus viridis Frst.)—Helvet.
Enaysma (Chrysocharis) niveipes Thn.—Germ, Helvet (?Lithocolletis corylifoliella)
Epilampsis (Chrysocharis) boops Thn.—Suec
— tadici Dal.—Norwegen
Eulophus sp.—Austria: Wien
Hyperteles sp. nov.—Austria
Omphale scutellatus Ferr.—Helvet
Sympiesis gordius Walk. N&MEurop
— sericeicornis Nees—ČSR, Helvet, Suec
Tetrastichus xanthops Rtzbg.—Helvet
Trichomalus diachymatis Rtzbg.—Helvet
Zagrammosoma (Atoposoma, Cirrospilus) variegatum Masi—Helvet

I: Hemiteles cinctus L. (bicolorinus Grv.)—Suec

301. Lyonetia frigidariella H.S.

I: Horogenes nana Grv. (Angitia, Dioctes, Inareolata elishae Bridgm.)—Austria: ObÖsterr.
Nythobia pusio Hgn.—Austria: ObÖsterr.

302. Lyonetia prunifoliella Hb.

B: Apanteles lacteus Nees—Germ

(Micropteryx) = Eriocrania semipurpurella Stgh.

303. Microsetia hermannella F. (Aristotelia, Chrysopora, Nannodia) —Gelechiid.

B: Agathis breviseta Nees—Germ
— rufipalpis Nees (Bassus)—Belg, Brit, Gall, Germ, Helvet, Ital
Apanteles circumscriptus Nees (bicolor Nees)—Belg, Brit, Gall, Germ, Holl, Ital

I: Horogenes (Angitia) monospila Thn.—SBayern
— sp. — Germ (SR)

304. Microsetia sexguttella Thbg. (naeviferella Dup., stipella Hb., Aristotelia, Chrysopora, Nannodia, Gelechia)

Ch: Eulophus stipellae Frst.—Germ (Chrysopora stipella)

I: Campoplex sp.—Germ (SR)
Horogenes (Angitia) sp.—Germ (SR)
Labrorychus flexorius Grv.—Brit(+ Chrysopora naeviferella) (tenuicornis Grv.)
Nemeritis macrocentra Grv. (Angitia gracilis Grv., Campoplex)—Holl (Ch. naeviferella)
Omorgus (Campoplex) borealis Zett.—N&MEurop: Brit
— lugubrina Hgn.—Brit, Germ (Bauer) (+ Ch. naeviferella)
— sp.—Germ

(Micrurapteryx) = Parectopa

305. Millieria dolosana H.S. (Choreutis)—Glyphipterygid.

B: Bracon sbg. Glabrobracon osculator Nees—Germ
— sbg. Lucobracon picticornis Wsm.—NÖsterr.—a. Aristolochia

I: Horogenes (Angitia) armillata Grv.—NÖsterr.

306. Mompha epilobiella Room. (Anybia, Gelechia, Laverna, Tinea fulicella H.S., langiella Hb.)—Cosmopterygid.

B: Agathis (Microdus) tumidulus Nees—Brit (Billups)
Apanteles impurus Rtzbg.—Germ
Chelonella contracta Nees—Böhmen (Zimmermann)
— (Chelonus) sulcata Jur.—Germ
Meteorus pendulator Latr. (minutor Thbg.)—Ungarn
Orgilus obscurator Nees—Brit (Billups)

Ch: Eulophus epilobiellae Frst.—Germ
— subcaeruleus Gour.—(Leonardi)
Megastigmus bipunctatus Swed.—Austria, Germ, Suec
Tetrastichus langiellae Frst.—Germ (Anybia fulicella)

I: Ephialtes (Pimpla) calobata Grv.—(?nucum Rtzb.)
— — var. punctiventris Thn.—Brit
Gelis monozonus Grv. (Pezomachus instabilis Frst.)—Brit
Hemiteles laevigatus Rtzbg.—Brit, Germ
Horogenes (Angitia, Limneria) cerophaga Grv.—Brit (Billups)
— (Pectenella) latungula Thn.—Brit, Böhmen (Hedwig)
— (Angitia) majalis Grv. (Limneria)—Brit (Billups)
— (Angitia) nana Grv.—Brit, Germ, Suec
— (Angitia) rufipes Grv.—Brit
Itoplectis (Pimpla) maculator F. (scanica Grv.)—Germ (Bri), Ungarn
Omorgus (Campoplex, Limnerium) difformis Gml.—Leonardi
Theroscopus (Hemiteles) incisus Bridgm.—Brit, Germ

307. Mompha fulvescens Hw. (Laverna)—später in versponnener Sprosspitze

B: Colastes (Exothecus) braconius Hal.—Germ

I: Ephialtes (Pimpla) calobata Grv. var. punctiventris Thn.—Brit
— nucum Rtzbg.—Brit
Gelis monozonus Grv. (Pezomachus instabilis Frst.)—Brit
Hemiteles laevigatus Rtzbg.—Böhmen (Hedwig), Brit
Horogenes (Angitia) cerophaga Grv.—Brit, Germ
— (Pectenella) latungula Thn.—Böhmen, Germ (Hedwig)
— (Angitia) nana Grv.—Brit, Dania, Gall, Germ, Suec
— — rufipes Grv.—Brit
Itoplectis (Pimpla) maculator F.—Brit, Germ
Omorgus (Campoplex) n. sp.—Germ: Weserberge (Bauer)
Theroscopus (Hemiteles) incisus Bridgm.—Brit

308. Mompha locupletella Schiff.—(Chrysoclista, Psacaphora schrankella Hb.)

I: Hemiteles laevigatus Rtbg.—Brit—hyper v. Ascogaster (Chrysoclista schrankella)
Itoplectis (Pimpla) alternans Grv.—Germ (Bauer)

309. Mompha miscella Schiff (Laverna, Lophoptilus)

B: Orgilus obscurator Nees.—Brit

310. Mompha ochraceella Curt. (Laverna)

I: Hemiteles laevigatus Rtbg.—Germ (Hedwig)
Horogenes (Angitia) contracta Bridgm.—Böhmen: Saaz

311. Mompha propinquella Stt.

B: Oncophanes sp.—Germ (SR)

312. Mompha raschkiella Z. (Lophoptilus)

B: Colastes braconius Hal.—Brit
I: Omorgus (Campoplex) ensator Grv.—Germ (Bauer)

313. Mompha terminella Westw. (Psacaphora)

I: Horogenes (Angitia)? punctipes Thn.—Germ (Bauer)

(Nepticula) = Stigmella

314. Ocnerostoma piniariella Z.—Yponomeutid.

Ch: Ageniaspis fuscicollis Dalm.—Suec (Träghard, Ent. Tidskr. 35, 1914—S. 188—209)

(Oecophyllembius) = Parectopa
(Ornix) = Callisto, Parornix

315. Palumbina terebinthella Rond. (Argyresthia)—Yponomeutid.

Ch: Tineomyza pistazina Rond.—Ital (Leonardi)

316. Paraleucoptera sinuella Rtti. (Leucoptera, Cemiostoma susinella H.S.)—Lyonetiid.

B: Microgaster globata L.—(Fahringer)
— tibialis Nees—Europ (Fahringer)

317. Parectopa (Oecophyllembius) inferior Silv.—Gracilariid.

Ch: Zagrammosoma (Cirrospilus) variegatus Masi—Europ

318. Parectopa kollariella Z. (Gracilaria, Micrurapteryx)

I: Hemiteles laevigatus Rtzbg.—Germ (Bauer)
Omorgus (Campoplex) borealis Zett.—SMähren

319. Parectopa latifoliella Mill. (Oecophyllembius neglectus Silv.)

B: Apanteles fulvipes Hal.—Gall
Bracon sp.—Ital

Ch: Achrysocharis (Closterocerus) formosa Westw.—Ital
Bruchobius (Encyrtus) mayri Masi—Gall, Ital
Derostenus sp.—Ital
Pnigalio longulus Zett. (Encyrtus, Eulophus)—Gall, Ital
Sympiesis sericeicornis Frst.—Ital
Tetrastichus sp.—Ital
Zagrammosoma (Atoposoma) variegatum Masi—Ital
(Cirrospilus)

320. Parectopa ononidis Z. (Gracilaria)

B: Apanteles halidayi Marsh.—Brit
— ononidis Marsh.—Brit

I: Gelis monozonus Grv. (Pezomachus instabilis Frst.)—Germ

321. Parornix anglicella Stt. (Ornix)—Gracilariid.—später im umgeschlagenen Blattrand

B: Apanteles albipennis Nees—Germ

322. Parornix anguliferella Z. (Ornix)—wie 321

B: Apanteles lacteus Nees—NBöhmen (Zimmermann)

I: Hemiteles areator Pz.—Germ (SR)

323. Parornix avellanella Stt. (Ornix)—später im umgeschlagenen Blattrand

B: Colastes hariolator Hal.—NBöhmen, Germ (SR), Polen

Ch: Pnigalio (Eulophus) pectinicornis L.—Germ (Hedwig)
Sympiesis acalle Walk. (Eulophus bifasciatus Thn.)—Germ (Hedwig)
— gordius Walk. (Eulophus laevissimus Rtzbg.)—Germ
— sericeicornis Nees—(Entedon laticornis Rtzbg.)—Germ

I: Ephialtes (Pimpla) calobata Grv.—Germ (Hedwig)
Exochus gemmiferanae Hedwig—Germ
Horogenes nana Grv. (Dioctes elishae Bridgm., Inareolata) —Germ (Hedwig)
— (Angitia) sp.—Germ (SR)
Scambus (Pimpla) pomorum Rtzbg.—Germ

324. Parornix avellanella Stt. + meleagripennella Hb.—wie vorher

Ch: Entedon luteicornis Rtzbg.—Germ
Sympiesis gordius Walk. (Eulophus laevissimus Rtzbg.)—Germ

325. Parornix betulae Stt. (Ornix)—später im umgeschlagenen Blattrand

B: Apanteles circumscriptus Nees—Germ
Colastes (Exothecus) braconius Hal.—Belg, Brit, Gall, Germ

326. Parornix finitimella Z. (Ornix)—wie 325

I: Trichomma enecator Rossi—Germ

327. Parornix petiolella Frey (Ornix)—wie vorher

I: Horogenes (Dioctes) melanius Thn.—Germ

328. Parornix scoticella Stt. (Ornix)—wie 325

B: Acoelius (Adelius) subfasciatus Hal.—Brit

I: Horogenes nana Grv. (Angitia, Inareolata, Dioctes elishae Bridgm.)—Brit

329. Phyllocnistis labyrinthella Bjerk. (sorhageniella Lüd.)—Lyonetiid.

Ch: Atoposomoidea (Cirrospilus)? diallus Walk. —(mis. Cirrospilus elegantissimus Westw.)—Norwegen
— pictus Nees—Oslo
— subviolaceus Thn.—Europ
— vittatus Nees—Oslo (Labor)
Closterocerus trifasciatus Westw.
Epilampsis tadici Del.—Norwegen
Pnigalio (Eulophus) pectinicornis L.—Suec
Sympiesis sericeicornis Nees—Suec

330. Phyllocnistis suffusella Z. (? sulfurella)

B: Apanteles difficilis Nees—Europ

Ch: Atoposomoidea diallus Walk.—a. Populus
Atoposomoidea (Cirrospilus) lyneus Walk.—Europ
— (Cirrospilus) pictus Nees var. coxalis Frst.—Austria
Cirrospilus elegantissimus Westw.—Austria, Ital
— sp.—Austria
Closterocerus trifasciatus Westw.
Epilampsis (Chrysocharis) elongata Thn.—Austria (+ Ph. sulfurella)
— tadici Del.—Norwegen
Sympiesis punctipleura Thn—Austria
— sericeicornis Nees—Austria

(Phyllonorycter) = Lithocolletis

331. Phylloporia bistrigella Hw.—Incurvariid.

B: Apanteles affinis Nees—N&MEurop

332. Platyptilia gonodactyla Schiff.—Pterophorid.—später i. umgeschlag. Blattrand

Braconid. indet.—Dania (Sönderup)
Microgaster rufipes Nees (globata L. var. rufipes Nees)—Dania (Sönderup), Finnland

I: Hemichneumon elongatus Rtzbg.—Germ (SR)
Hemiteles cinctus L (bicolorinus Grv.)—Germ (SR)

333. Platyptilia isodactyla Z.—später im Stengel

B: Microgaster globata L.—Brit
— tibialis Nees—Brit, Gall

334. Procris geryon Hb. (Ino, Adscita)—Zygaenid.—später frei fressend

B: Apanteles geryonis Marsh.—N&MEurop: Brit
I: Olesicampe fulviventris Gml.—Brit, Gall

335. Procris globulariae Hb. (cognata H.S.-Adscita)

B: Apanteles geryonis Marsh.—Brit
I: Cremastus bellicosus Grv.—Brit

(Psacaphora) = Mompha

336. Recurvaria leucatella Cl. (Tinea)—Gelechiid.—später zwischen versponnenen Sprossenden

Ch: Sympiesis acalle Walk.—Europ

337. Rhopobota ustomaculana Curt. (Steganoptycha, Coccyx, Enarmonia, Epinotia, Semasia)—Tortricid.—später zwischen versponnenen Blättern

B: Acoelius subfasciatus Hal.—Europ
Agathis (Microdus) tumidulus Nees var. annuligaster Fahringer—NBöhmen
Ascogaster rufidens Wsm.—NBöhmen
— rufipes Ltr.—NBöhmen, Brit
Meteorus obsoletus Wsm.—NBöhmen
Phanerotoma dentata Pz.—Europ
I: Glypta sbg. Conoblasta ceratites Grv.—Germ: Oldenburg (Bauer)
Horogenes (Angitia, Inareolata) exareolata Rtzbg.
— (Angitia, Limnerium) reticulata Bridgm.—Brit
Pristomerus vulnerator Pz.—Germ (Bauer)

338. Roeslerstammia erxlebella F. (erxleberiella H.S.)—Yponomeutid.—später Lochfrass

B: Ascogaster instabilis Wsm.—(Hedwig)
I: Hemiteles areator Grv.—Germ (SR)

339. Stephensia brunichiella L.—Elachistid.

B: Apanteles circumscriptus Nees—Dania (Sönderup)
I: Mevesia arguta Wsm. (Phaeogenes)—Brit, Gall

340. Stigmella aceris Frey (acerella—Nepticula)—Nepticulid.

B: Microgaster erythrothorax Gour.—(Rondani)

341. Stigmella aeneella Hein.

B: Acoelius (Adelius) viator Frst.—NBöhmen (Zimmermann)

342. Stigmella agrimoniae Frey (agrimoniella H.S.—Dechtiria)

B: Acoelius flavostigma Fahringer—Austria: Wien
— (Adelius) subfasciatus Hal.—Finnland
Mirax rufilabris Hal. (spartii Hal.)—Germ

343. Stigmella alnetella Stt. (Nepticula)

B: Acoelius (Adelius) parvulus Frst.—Germ
— — sp.—Germ: ObLausitz

344. Stigmella anomalella Goeze (Nepticula)

B: Acoelius (Adelius) subfasciatus Hal.—Austria, Brit
— — viator Frst.—Dania (Sönderup)

345. Stigmella argentipedella Z. (Dechtiria, Nepticula)

B: Acoelius (Adelius) erythronotus Frst.—Germ
Microgaster tibialis Nees—Germ

346. Stigmella argyropeza Z. (Dechtiria, Nepticula)

B: Acoelius (Adelius) determinatus Frst.—Ungarn
— — subfasciatus Hal.—Brit, Ungarn

347. Stigmella arifoliella Klim. (Nepticula)

Ch: Pleurotropis flaviscapus Thn.—ObÖsterr.

348. Stigmella atricapitella Hw. (Nepticula)

B: Mirax rufilabris Hal—Europ

349. Stigmella aucupariae Frey (Nepticula)

B: Acoelius (Adelius) subfasciatus Hal—Brit
Colastes (Exothecus) braconius Hal.—Belg, Brit, Gall, Germ

I: Horogenes nana Grv. (Angitia, Inareolata, Dioctes elishae Bridgm.)—Brit

350. Stigmella aurella F. (Nepticula)

Ch: Stenomesius rufescens Rossi—Gall

351. Stigmella basiguttella Hein. (Nepticula)

B: Acoelius (Adelius) subfasciatus Hal.—Brit

352. Stigmella betulicola Stt. (Nepticula)

B: Mirax rufilabris Hal. (spartii Hal.)—Austria, Brit

353. Stigmella carpinella Hein.—(Nepticula fagi Frey)

B: Acoelius (Adelius) dubius Frst.—Germ

354. Stigmella catharticella Stt. (cathartella Stt.—Nepticula)

B: Acoelius (Adelius) erythronotus Frst.—Germ

Ch: Chrysocharis syma Wlk. (aeneiscapus Thn.)—Suec
— viridis Nees (centifoliellae Frst.)—Germ

355. Stigmella centifoliella Z. (Nepticula)

B: Acoelius (Adelius) dubius Frst.—Belg, Gall
— — subfasciatus Hal.—Germ

Ch: Chrysocharis viridis Nees (centifoliellae Frst.)—Germ

I: Gelis (Pezomachus) sp.—Brit

356. Stigmella cistivora Peyer.

B: Mirax rufilabris Hal.—Austria

357. Stigmella cotoneastri Sorhg.

B: Acoelius (Adelius) subfasciatus Hal.—Austria

358. Stigmella cryptella Stt. (Levarchama)

B: Acoelius subfasciatus Hal.—Austria

(Stigmella cursoriella Z.) = subbimaculella Hw.

359. Stigmella desperatella Frey

B: Acoelius (Adelius) subfasciatus Hal.—Austria

360. Stigmella diversa Glitz

B: Acoelius (Adelius) subfuscus Hal= ? subfasciatus Hal.—Austria

361. Stigmella dorycniella Suire (Levarchama)

B: Acoelius (Adelius) subfuscus Hal.—Austria

362. Stigmella dryadella Hofm.

B: Acoelius (Adelius) subfasciatus Hal—ObÖsterr: Dachstein

363. Stigmella euphorbiella Stt.

B: Mirax rufilabris Hal.—Austria

(Stigmella fagi Frey) = carpinella Hein.

364. Stigmella filipendulae Wck. (Nepticula)

B: Acoelius (Adelius) subfasciatus Hal.—Europ

365. Stigmella floslactella Hw. (Nepticula)

B: Mirax rufilabris Hal.—Polen

366. Stigmella freyella Heyd.
B: Acoelius (Adelius) subfasciatus Hal.–Germ

367. Stigmella gei Wck.
Ch: Entedon amyclas Wlk.—Brit

(Stigmella gratiosella Stt.) = hybnerella Hb.

368. Stigmella hannoverella Glitz (Dechtiria)
B: Bracon sbg. Orthobracon praetermissus Marsh.—Germ

369. Stigmella helianthemella H.S.
B: Mirax rufilabris Hal.—Austria

370. Stigmella hemargyrella Koll. (Nepticula)
B: Acoelius (Adelius) viator Frst.—NBöhmen (Zimmermann), Dania (Sönderup)

371. Stigmella hybnerella Hb. (Nepticula gratiosella Stt.)
B: Gnaptodon pumilio Nees—Germ

372. Stigmella ignobilella Stt. (Nepticula)
Ch: Epilampsis latipennis Thn.—Bayern

373. Stigmella intimella Z. (Dechtiria)
B: Acoelius (Adelius) flavostigma Fahringer—Dania (Sönderup)

374. Stigmella klimeschi Skala (Dechtiria)
B: Acoelius (Adelius) sp.—Germ: ObLausitz

375. Stigmella lediella Schleich.
B: Acoelius (Adelius) erythronotus Frst.—Germ
— — subfasciatus Hal.—Böhmen (Zimmermann)

376. Stigmella luteella Stt.
B: Acoelius (Adelius) p.—Germ: ObLausitz

377. Stigmella malella Stt.
B: Acoelius sp.—Austria
Aspilota nervosa Hal.—Dania (Sönderup)—Error!

378. Stigmella marginicolella Stt. (Nepticula suberosella Toll.)
B: Acoelius (Adelius) subfasciatus Hal.—Brit

379. Stigmella microtheriella Stt. (Nepticula)

B: Mirax rufilabris Hal.—Finnland

Ch: Atoposomoidea (Cirrospilus) staryi Bouč.—Böhmen

380. Stigmella myrtilella Stt. (Nepticula)

B: Acoelius (Adelius) subfasciatus Hal.—Germ (SR)

Ch: Chrysocharis albula Del. (Derostenus petiolatus Thn.)—Suec

381. Stigmella nanivora Pet.

B: Gnaptodon bachmeieri M. Fisch.—SBayern
Mirax nanivora M. Fisch.—SBayern
— rufilabris Hal.—Austria

Ch: Atoposomoidea (Cirrospilus) diallus Walk.—SBayern
— — vittatus Walk.—SBayern
Hemiptarsenus dropion Walk. (fulvicollis Westw.)—SBayern
Pnigalio pectinicornis L.—SBayern

382. Stigmella nitidella Hein.

B: Acoelius subfuscus Hal.—Austria

I: Itoplectis (Pimpla) maculator F.

383. Stigmella obliquella Hein.

B: Acoelius (Adelius) clandestinus Frst.—Polen
— — viator Frst.—NBöhmen (Zimmermann)

Ch: Atoposomoidea (Cirrospilus) vittatus Walk.—Dania

384. Stigmella oxyacanthella Stt.

B: Acoelius subfasciatus Hal.—Austria
— subfuscus Hal.—Austria

Ch: Pnigalio pectinicornis L.—Suec
— sp.—Dania

385. Stigmella plagicolella Stt. (Nepticula)

B: Acoelius (Adelius) subfasciatus Hal.—Brit

386. Stigmella poterii Stt. (Nepticula)

B: Acoelius (Adelius) subfasciatus Hal.—Brit

387. Stigmella promissa Stgr.

B: Acoelius subfuscus Hal.—Austria

388. Stigmella prunetorum Stt.

B: Mirax rufilabris Hal.—Polen

389. Stigmella pygmaeella Hw. (Nepticula)

B: Acoelius viator Frst.—Germ
Ch: Eurytoma salicis Thn. (collaris Walk.)—(Rondani)

390. Stigmella pyri Glitz

B: Acoelius (Adelius) subfasciatus Hal.—Germ (SR)
— viator Frst.—NBöhmen (Zimmermann)

391. Stigmella pyricola Wck.

B: Acoelius subfasciatus Hal.—Germ: ObLausitz

392. Stigmella regiella H.S.

B: Acoelius dubius Frst.—ObÖsterr. (Klimesch)
— subfasciatus Hal.—ObÖsterr. (Klimesch)

393. Stigmella rhamnella H.S.

B: Gnaptodon? pumilio Nees—Austria

394. Stigmella rubivora Wck. (Dechtiria)

B: Acoelius (Adelius) subfasciatus Hal.—Finnland

(Stigmella rufella Z.) = trimaculella Hw.

395. Stigmella salicis Stt. (Nepticula)

B: Acoelius erythronotus Frst.—Germ
— germanus Hal.—Germ
— (Adelius) subfasciatus Hal.—Brit
— sp.—Germ: ObLausitz
Mirax rufilabris Hal.—Ungarn

396. Stigmella samiatella Z.

B: Acoelius viator Frst.—NBöhmen (Zimmermann)
Gnaptodon pumilio Nees—Austria
Ch: Derostenus gemmeus Westw.—Bayern

397. Stigmella sativella Klim. (Dechtiria)

B: Gnaptodon pumilio Nees—Austria

398. Stigmella septembrella Stt. (Fomoria, Nepticula)

B: Acoelius subfasciatus Hal.—Gall
Gnaptodon klemensiewiczii Niez.—Polen
Mirax rufilabris Hal. (spartii Hal.)—Brit, Germ, Suec

398a. Stigmella spp.

B: Acoelius dubius Frst.—NÖsterr.—a. Staphylea
— hyalinipennis Frst.—Germ—in Buchenblättern
— viator Frst.—ObÖsterr. (Klimesch)
Colastes (Exothecus) braconius Hal.—Gall
Gnaptodon pumilio Nees—Germ—a. Salix

Ch: Atoposomoidea (Cirrospilus) vittatus Walk.—Europ—a. Salix
Derostenus conformis Thn.—Suec
— latipennis Thn.—Suec—a. Wildapfel
Enaysma (Chrysocharis) niveipes Thn.—Suec
Pleurotropis flaviscapus Thn.—Gall—a. Rubus fruticosus

399. Stigmella splendidissimella H.S. (saxatilella Grönl., Nepticula)

B: Gnaptodon klemensiewiczii Niez.—Polen

Ch: Ageniaspis sbg. Holcothorax nepticulae Mayr.—Germ

400. Stigmella subbimaculella Hw. (cursoriella Z.)

Ch: Derostenus gemmeus Westw.—Germ

401. Stigmella suberivora Stt.

B: Acoelius (Adelius) dubius Frst. var. —WGall (Soffner)
— erythronotus Frst.—WGall (Soffner)
Blacus suberivorae Fahring.—WGall (Soffner)

Ch: Pentacnemus sp.—Gall

402. Stigmella tergestina Klim.

B: Mirax rufilabris Hal.—Austria

403. Stigmella trimaculella Hw. (rufella Z.)

B: Acoelius (Adelius) dubius Frst.—Germ (St. rufella)
— subfasciatus Hal.—Brit

404. Stigmella turbidella H.S. (Dechtiria)

Ch: Sympiesis sericeicornis Nees—ČSR

405. Stigmella turionella

B: Acoelius (Adelius) sp.—Germ: ObLausitz

406. Stigmella weaveri Stt. (Fomoria)

B: Acoelius (Adelius) subfasciatus Hal.—Brit
Apanteles xanthostigmus Hal.—Brit (Billups)

407. Teichobia verhuellella Stt.—Tineid.—später in Gespinstsack

B: Apanteles ardeaepennellae Bché.—NÖsterr. (Klimesch)
— circumscriptus Nees (bicolor Nees)—NÖsterr. (Klimesch), Belg, Brit, Germ
— triangulator Wsm.—Belg, Brit, Gall, Germ, Suec

408. Tinagma dryadis Stgr. (Scaeva)—Douglasiid.

I: Homotropus obscuripes Hgn. (Bassus arcticus Hgn.)—Spitzbergen

409. Tischeria angusticolella Dup. (suberoidella Wlsgh.)—Lyonetiid.

I: Ephialtes (Pimpla) calobata Grv.—Germ: Bremen (Bauer)
— nucum Rtzbg.—Germ: Köln (Bauer)
Horogenes (Angitia) annulicrus Thn.—Germ (Bauer)
Tersilochus (Thersilochus, Porizon) saltator Fb.—Brit, Gall

(Tischeria complanella Hb.) = ekebladella Bjk.

410. Tischeria decidua Wck.

Ch: Closterocerus trifasciatus Westw.—Germ
Epilampsis deciduae Del.—Germ
— tadici Del.—Norwegen
Pnigalio pectinicornis L.—Europ
Sympiesis sericeicornis Nees—NBöhmen

411. Tischeria dodonea Stt.

B: Colastes (Exothecus) braconius Hal.—Belg, Brit, Gall, Germ

412. Tischeria ekebladella Bjk. (complanella Hb., Lithocolletis, Tinea)

B: Acoelius (Adelius) parvulus Frst.—Ungarn
— subfasciatus Hal.—Germ (SR)
Apanteles circumscriptus Nees (bicolor Nees, Microgaster)—Belg, Brit, Germ
Colastes (Exothecus) braconius Hal.—Ungarn
— flavitarsis Thn.—Germ (SR)
Eubadizon extensor L.—Germ
Microgaster tricolor Nees—Ital
Orthostigma pumilum Nees—Germ: ObLausitz
Triaspis (Sigalphus) caudatus Nees—Ital
— complanellae Htg.—Germ
— curculionum Htg.—Germ

Ch: Ageniaspis (Encyrtus) testaceipes Rtzbg.—NÖsterr. Gall, Germ
Atoposomoidea (Cirrospilus) lyncus Walk.—Europ
— subviolaceus Thn.—Europ
— unifasciata Frst.—Europ
Chrysocharis (Entedon) orchestis Rtzbg.—Germ
Cirrospilus elegantissimus Westw.—(Leonardi)
— sp.—Ital
Closterocerus trifasciatus Westw.—Gall, Ital
Entedon bifasciatus Gour.—(Rondani)
— dimidiatus Gour. (?Eulophus)—(Leonardi)
— pallidus Gour.—(Rondani)
— ?pallipes Gour.—(Leonardi)
— punctulatus Gour.—(Rondani)

— ?violaceus Gour.—(Rondani)
Eulophus (Entedon) pilicornis Rtzbg.—Germ
— subcutaneus (?subcastaneus) Rtzbg.—Germ
Epilampsis (Derostenus) boops Thn.—Ital
Pleurotropis sp.—Ital
Pnigalio (Entedon, Eulophus) longulus Zett.—Ital
— pectinicornis L.—Europ
Sympiesis dolichogaster Ashm. (nowickyi Szelenyi)—WUngarn
Tetrastichus xanthops Rtzbg.—Europ—hyper v. Pnigalio pectinicornis
Tineophaga tischeriae Rond.—Ital

I: Campoplex subcinctus Grv.—Germ, Ital, Suec
Ephialtes (Pimpla) calobata Grv.—Germ (SR)
— nucum Rtzbg.—Austria
— vesicaria Rtzbg.—Germ, Suec
Horogenes (Angitia) anura Thn.—Germ (Wagner)
— (Angitia, Dioctes) exareolata Rtzbg.—Germ (Wagner)
— nana Grv. (Inareolata, Dioctes elishae Bridgm.)—Germ: ObLausitz (Hedwig)
Itoplectis maculator F. (Pimpla scanica Grv.)—(Rondani)
Omorgus (Campoplex) borealis Zett.—Brit, Gall
Scambus (Ephialtes, Epiurus, Pimpla) brevicornis Grv.—Brit, Germ, Suec.
— (Epiurus, Pimpla) sagax Htg.—Brit, Germ, Suec
(Pimpla linearis Rtzbg.)

413. Tischeria gaunacella Dup.

Ch: Derostenus sp.—Ital
Tetrastichus sp.—Ital

414. Tischeria heinemanni Wck.

B: Colastes (Exothecus) flavitarsis Thn.—Germ (SR)

415. Tischeria marginea Hw.

I: Ophion sp.—Brit
Phaedroctonus (Nemeritis) transfuga Grv.—Brit

(Xanthospilapteryx) = Gracilaria syringella F.

I. BRACONIDAE:
36 gen.—173 spp.

a) Arten-vielfalt

spp. Genus
51 — Apanteles
17 — Agathis
11 — Acoelius
8 — Microgaster
7 — Orgilus
6 — Ascogaster
— Colastes
5 — Glabrobracon
— Opius
4 — Chelonella
— Meteorus
3 — Chelonus
— Earinus
— Gnaptodon
— Orthobracon
— Triaspis
2 — Aspilota
— Blacus
— Bracon
— Lucobracon
— Microplitis
— Mirax

1 — alle übrigen

b) Wirte-vielfalt

W.

58 — Apanteles circumscriptus
36 — Acoelius subfasciatus
33 — Colastes braconius
13 — Mirax rufilabris
11 — Apanteles viminetorum
10 — Apanteles xanthostigma
— Glabrobracon osculator
9 — Apanteles nanus
— Orgilus obscurator
8 — Acoelius viator
— Apanteles albipennis
— impurus
7 — Apanteles fuliginosus
6 — Agathis anglica
— tibialis
— Apanteles dilectus
5 — Acoelius dubius
— erythronotus
— subfuscus
— Agathis breviseta
— Apanteles emarginatus
— infimus
— sessilis
— Gnaptodon pumilio
— Microgaster tibialis
— Orgilus rugosus

4 — Agathis mediator
— rufipalpis
— Apanteles lacteus
— laetus
— Colastes flavitarsis

3 — Agathis rufipes
— Apanteles ardeaepennellae
— carbonarius
— longicauda
— nothus
— ononidis
— punctiger
— ruficornis
— triangulator
— Ascogaster rufidens
— rufipes
— Chelonus pusio
— Opius rufipes
— Orgilus punctulator
— Orthobracon variegator

2 — Acoelius flavostigma
— parvulus
— Agathis brevicaudis
— nigra
— pumilus
— tumidulus
— Apanteles affinis
— corvinus
— difficilis
— ensiformis
— exilis
— fuliginosus var.
— geryonis
— hoplites
— lateralis
— Aspilota ruficornis
— Chelonella contracta
— exilis
— Colastes decorator
— foveolator
— hariolator
— intermedius
— Earinus variicoxis
— Eubadizon extensor
— Gnaptodon klemensiewiczii
— Lucobracon guttiger

— Meteorus pendulator
— Microgaster globata
  — rufipes
— Orgilus laevigator
— Phanomeris dimidiatus
— Triaspis caudatus

1 — alle übrigen

II. CHALICIDAE:
67 gen.—222 spp.

a) Arten-vielfalt

spp. Genus
28 — Entedon
22 — Eulophus
16 — Tetrastichus
13 — Chrysocharis
10 — Cirrospilus
— Enaysma
— Epilampsis
6 — Habrocytus
— Sympiesis
5 — Ageniaspis
— Elachertus
4 — Atoposomoidea
— Copidosoma
— Derostenus
— Elasmus
— Pleurotropis
3 — Belaspidia
— Encyrtus
— Eupelmus
— Hemiptarsenus
— Omphale
— Pnigalio
— Pteromalus
2 — Achrysocharis
— Anaphes
— Eurytoma
— Mesopolobus
— Torymus
— Trichomalus

1 — alle übrigen

b) Wirte-vielfalt
W.

32 — Sympiesis sericeicornis
19 — Pnigalio pectinicornis
14 — Cirrospilus pictus
12 — Cirrospilus elegantissimus
— Tetrastichus xanthops
10 — Atoposomoidea unifasciata
— Copidosomopsis coleophorae
— Epilampsis tadici
9 — Chrysocharis orchestis
— Pleurotropis polita
8 — Closterocerus trifasciatus
— Enaysma leucobates
— Eulophus pilicornis

7 — Encyrtus auronitens
— Epilampsis coxalis

6 — Ageniaspis testaceipes
— Eupelmella vesicularis
— Pediobius linus
— Tetrastichus cyclogaster

5 — Achrysocharis formosa
— Cirrospilus pictus var. arcuatus
— Cirrospilus vittatus
— Enaysma niveipes
— Encyrtus luteipes
— Epilampsis gunholdi
— Eulophus padellae
— Habrocytus variabilis
— Tetrastichus inunctus

4 — Atoposomoidea diallus
— Elachertus obscuripes
— Enaysma chrysostoma
— Epilampsis boops
— Eulophus bulmerinquii
  — obscurus
  — subcutaneus
— Pnigalio longulus
— Tetrastichus amethystinus

3 — Ageniaspis atricollis
— Atoposomoidea unipuncta
— Chrysocharis scutellaris
— Derostenus gemmeus
— Elasmus viridiceps
— Encyrtus cavicornis
  — nigrovirens
— Epilampsis elongatus
— Eulophus connexus
— Eulophus laevissimus
— Sympiesis nowickyi
— Trichomalus herbidus

2 — Ageniaspis fuscicollis
— Atoposomoidea pulchra
— Chrysocharis syma
  — viridis
— Cirrospilus pictus var. coxalis
— Dibrachys cavus
— Elasmus flabellatus

— Enaysma albiscapus
— zwölferi
— Encyrtus chalybaeus
— laetus
— nubeculatus
— Epilampsis laricinellae
— Eulophus bifasciatus
— stramineipes
— subcaeruleus
— Eupelmus annulatus
— Habrocytus radialis
— simulans
— Hemiptarsenus fulvicollis
— Mesopolobus mediterraneus
— Necremnus leucarthros
— Pleurotropis cribrifons
— flaviscapus
— Sympiesis feketei
— Teleogmus xanthostomus
— Tetrastichus endemus
— xanthostoma
— Trichomalus diachymatis
— Zagrammosoma variegatum

1 — alle übrigen

III. Ichneumonidae:
69 gen.—217 spp.

a) Arten-vielfalt

spp. Genus
36 — Horogenes
31 — Gelis
22 — Hemiteles
14 — Omorgus
8 — Ephialtes
7 — Campoplex
5 — Glypta
— Triclistus

4 — Astomaspis
— Scambus
3 — Itoplectis
— Olesicampe
— Phaedroctonus
2 — Cremastus
— Ecphoropsis
— Exochus
— Ischnus
— Lathrolestes
— Leptocryptus
— Mesochorus
— Nemeritis
— Phobetes
— Pimpla
— Pristomerus
— Sagaritis
— Stictopisthus
— Theroscopus

1 — alle übrigen

b) Wirte-vielfalt

W.
23 — Horogenes nana
20 — Gelis monozonus
19 — Hemiteles areator
17 — Omorgus boreallis
16 — Itoplectis maculator
15 — Ephialtes calobatus
— nucum
14 — Itoplectis alternans
12 — Hemiteles laevigatus
8 — Hemiteles cinctus
— pulchellus

— Horogenes cerophaga
— Omorgus ensator
7 — Horogenes jäckhi
— rufipes
— Scambus brevicornis

6 — Horogenes armillata
— melanius
— tibialis
— Omorgus multicinctus
— tumidulus

5 — Horogenes annulipes
— fenestralis
— Scambus sagax

4 — Gelis impotens
— rufocinctus
— Hemiteles similis
— Mesochorus anomalus
— Phaedroctonus transfuga
— Pimpla turionellae
— Scambus detritus

3 — Astomaspis submarginatus
— Ephialtes calobatus v. punctiventris
— Ephialtes rufata
— vesicaria
— Gelis agilis
— palpator
— Glypta bipunctoria
— Hemiteles melanogaster
— Horogenes chrysosticta
— cylindrica

— exareolata
— latungula
— vestigialis
— Nythobia pusio
— Pimpla examinator
— Theroscopus incisus
— Triclistus podagricus
2 — Astomaspis conformis
— melanarius
— Cymodusa elachistae
— Ephialtes inquisitor
— Exochus lentipes
— Gelis corruptor
— nigritus
— vagans
— Hemichneumon elongatus
— Hemiteles bipunctator
— obliquus
— pallidicarpus
— Horogenes annulipes
— coleophorarum
— gracilis
— holopyga
— majalis
— occulta
— parvicauda
— subbuccata
— trochanterata
— virginalis
— Ischnus nigrinus
— Iseropus stercorator
— Leptocryptus aereus
— Mesochorus crassicrus
— Mevesia arguta
— Micrope macilenta
— Olesicampe femoralis
— Omorgus gastroides
— melanostictus
— mutabilis
— Pristomerus vulnerator
— Scambus pomorum
— Tersilochus saltator
1 — alle übrigen

IV. PROCTOTRUPIDAE:

Aphanogmus compressus
Microphanurus discolor

V. BETHYLIDAE (V):

Bethylus sp.

VI. DIPTERA:

Actia nigroscutellata
Bessa selecta
Graphogaster brunnescens
Phytomiptera nitidiventris
— — var. gracilariae

Hyperparasiten

CHALCIDIDAE: 14 spp.

Atoposomoidea pictus—von Apanteles
— pulchra—von Apanteles circumscriptus
— unifasciata—von Enaysma splendens
— unipuncta—von Enaysma splendens
Closterocerus trifasciatus—v. Apanteles circumscriptus
Epilampsis coxalis—v. Apanteles circumscriptus
— tadici—v. Apanteles circumscriptus
Eulophus bulmerinquii—v. Apanteles circumscriptus
Eupelmella vesicularis—v. Copidosoma geniculatum
Eupteromalus nidulans—v. Thyraeella collaris
Habrocytus chlorogaster—vermutl. v. Braconidae
Pediobius linus—v. Apanteles circumscriptus
Enaysma albiscapus
— splendens
Perilampus tristis—v. Actia nudibasis
Pnigalio pectinicornis—v. Enaysma splendens
Rhopalotus vic. substrigosus—v. Apanteles
Sympiesis gordius—v. Apanteles u. Enaysma splendens
— sericeicornis—v. Apanteles sp.
Tetrastichus xanthops—v. Apanteles circumscriptus
Enaysma albiscapus
— splendens
Atoposomoidea unifasiata
Pediobius
Pnigalio pectinicornis
— turionum—v. Actia nudibasis u. Braconidae

ICHNEUMONIDAE: 11 spp.

Gelis corruptor—v. Horogenes rufipes
— monozonus—v. Omorgus multicinctus
— palpator—v. ?
— quaesitorius—v. Apanteles umbellatarum
— vagans—v. Apanteles umbellatarum
Hemiteles aroator—v. ?
— laevigatus—v. Ascogaster
— pulchellus—v. Lucobracon guttiger
— similis—v. Apanteles
Stictopisthus formosus—v. ?
Theroscopus pedestris—v. Horogenes

Grösste Parasiten-vielfalt
ex Coleophora laricella Hbn. u. Tischeria ekebladella Bjk.: je 42 spp.

Gesamtindex aller Parasiten (B, CH, CY, D, I, P, V) bei den verschiedenen Wirtsordines (**C, D, H, L**) mit Wirtsnachweis.

A. Wirte als Blattminierer- total: 680.

Ordo	Genera	spp.
Coleoptera	17	35
Diptera	27	213
Hymenoptera	7	17
Lepidoptera	52	415

L > D > C > H = 24 : 13 : 2 : 1

B. *Parasiten-verteilung* bei den verschiedenen Wirte-ordines

Wirte-ordo	Bracon.	Chalcid.	Cynipid.	Ichneum.	Proct.	Vespoid.	Diptera
Coleoptera	22 47 28	34 82 → 49	→	19 33 20	2 2 → 1	→	4 5 2
Diptera	47 211 55	60 137 → 35	10 16 → 4	10 12 → 3	6 7 → 2	→	2 2 1
Hymenoptera	7 8 15,7	10 11 → 21,6	→	22 36 62,7			
Lepidoptera	36 173 28	67 222 → 36	→	69 217 35,2	2 2 → 0,2	1 2 → 0,2	1 4 → 0,4
	gen.sp. %	gen.sp. %	gen.sp. %	gen.sp. %	gen.sp. %	gen.sp. %	gen.sp. %
total %	36,2→	37,1 →	1,2→	24→	0,8→	0,1→	0,6
sp.-summe	439	453	16	298	11	1	8
Mengen-verhältnis	D > L > C > H	L > D > C > H	D	L > H > C > D	D > C = L	L	C > L > D

Die Parasiten-spp. der Blattminierer total:

Ch: 453 > B: 439 > I: 298 > Cy: 16 > P: 11 > D: 8 > V: 1

Totalzahl aller Parasiten-spp.: über 1200- auf 680 Wirte verteilt.

1. Braconidae

allein ex **Coleoptera** (C)

spp.	W.	
1	1	Brachistes xanthops-ex Rhynchaenus
3	3	Calyptus-ex Rhynchaenus
1	1	Doryctes mutillator-ex Rhynchaenus
1	1	Glyptomorpha-ex Lixus
1	1	Heterospilus-ex Rhynchaenus
2	4	Microctonus-ex Curcul. > Chrysomel.
1	1	Microdus-ex Rhynchaenus
2	2	Sigalphus-ex Rhynchaenus
1	2	Striobracon intercessor-ex Lixus
2	2	Spathius-ex Rhynchaenus

allein ex **Diptera** (D)

spp.	W.	
1	1	Adelura-ex Pegomyia
2	8	Ademon-ex Muscid.
1	7	Antrusa-ex Agromyzid.
1	2	Aphaereta-ex Agromyzid. +Psilid.
1	1	Bobeckia-ex Agromyzid.
1	1	Cardiochiles-ex Chloropid.
1	5	Chaenusa-ex Ephydrid.
1	1	Chasmodon-ex Agromyzid.
8	13	Chorebus-ex Ephydrid.-vorwiegend!
4	5	Coelinius-ex verschied. Dipt.
1	1	Compressaria pugnatrix-ex Muscid.
50	102	Dacnusa-ex Agromyzid.
2	2	Dapsilarthra-ex Agromyzid. + Psilid.
1	1	Grandia-ex Agromyzid.
2	4	Gyrocampa-ex Ephydrid.-vorwiegend!
1	2	Hygroplitis rugulosa-ex Ephydrid. + Muscid.
1	1	Mesora-ex Agromyzid.
2	3	Microbracon-ex verschied. Dipt.
3	16	Nosopaeus-ex Agromyzid.
1	2	Pachylomma-ex Agromyzid.-zumeist!
10	34	Pachysema-ex Agromyzid.
2	2	Pentapleura-ex Agromyzid.
5	8	Phaenocarpa-ex verschied. Dipt.
1	1	Priapsis-ex Agromyzid.
8	81	Rhizarcha-ex Agromyzid.
1	1	Stiphrocera-ex Agromyzid.
1	1	Symphya-ex?
1	1	Tanycarpa-ex Agromyzid.
1	1	Therobolus-ex Agromyzid.
5	20	Toxelea-ex Agromyzid.

allein ex **Hymenoptera** (H)

spp.	W.	
1	2	Ichneutes-ex Fenusa

allein ex **Lepidoptera** (L)

spp.	W.	
1	1	Baeognatha-ex Coleophorid.
1	1	Centistes-ex Elachistid.
4	6	Chelonella-ex verschied. Lepidopt.
3	6	Chelonus-ex verschied. Lepidopt.
1	1	Coeloides-ex Epinotia pygmaeana-Tortricid.
3	4	Earinus-ex Coleophorid. > Gracilariid.
1	1	Euphorus-ex Coleophorid.
3	8	Gnaptodon-ex Stigmella-Nepticulid.
1	1	Hormius-ex Coleophorid.
2	2	Microplitis-ex Coleophorid. + Cosmopterygid.
2	14	Mirax-ex Stigmella-Nepticulid.
1	2	Oncophanes-ex Gracilariid, + Cosmopterygid.
1	1	Phanerotoma-ex Tortricid.
1	1	Toxares-ex Gracilariid.

Wirte-vielfalt der Braconidae fallend gereiht:

W.	
102	Dacnusa-ex D
81	Rhizarcha-ex D
34	Pachysema-ex D
20	Toxelea-ex D
16	Nosopaeus-ex D
14	Mirax-ex L
13	Chorebus-ex D
8	Ademon-ex D
	Gnaptodon-ex L
	Phaenocarpa-ex D
7	Antrusa-ex D
6	Chelonella-ex L

	Chelonus-ex L
	Orthrobracon-ex L
5	Chaenusa-ex D
	Coelinius-ex D
4	Earinus-ex L
	Gyrocampa-ex D
	Microctonus-ex C
3	Calyptus-ex C
	Microbracon-ex D
2	Aphaereta-ex D
	Dapsilarthra-ex D
	Hygroplitis-ex D
	Ichneutes-ex H
	Microplitis-ex L
	Oncophanes-ex L
	Pachylomma-ex D
	Pentapleura-ex D
	Spathius-ex C
1	— alle übrigen

2. CHALCIDIDAE

spp.	W.	allein ex **Coleoptera** (C)
1	1	Eunotus-ex Rhamphus
1	1	Hockeria-ex Lixus
1	1	Norbanus-ex Lixus
1	6	Ophioneurus-ex Rhynchaenus
1	1	Perilampus-ex Lixus
1	2	Picroscytoideus-ex Lixus
1	6	Poropoea-ex Rhynchaenus
2	2	Rhopalicus-ex Rhynchaenus
1	1	Spartiophilus-ex Rhynchaenus
1	1	Tomicobia-ex Rhynchaenus

allein ex **Diptera** (D)

1	5	Asaphes-ex verschied. Dipt.
1	2	Bothriothorax-ex Muscid.
1	1	Bruchophagus-ex Agromyzid.
1	1	Cyrtogaster-ex Agromyzid.
1	1	Decatoma-ex Muscid.
1	1	Diaulinopsis-ex?
2	8	Diglyphus-ex Agromyzid.
2	2	Gitognathus-ex Agromyzid.
1	2	Glyphognathus-ex Agromyzid.
1	1	Gonatocerus-ex Ephydrid.
8	23	Halticoptera-ex Agromyzid.
2	4	Heptomerus-ex Agromyzid.
1	1	Holcopelte-ex Itonidid.
1	1	Kentema-ex Agromyzid.
5	17	Lamprotatus-ex Agromyzid. > Muscid.
1	1	Merismus-ex Agromyzid.
1	1	Metasecodes-ex Agromyzid,
5	16	Miscogaster-ex Agromyzid.
1	2	Myiomisa-ex Itonidid.
1	1	Ormyrus-ex Agromyzid.
1	1	Pachyceras-ex Chloropid.
1	1	Panstenon-ex Agromyzid.
1	4	Polycystus-ex Agromyzid. Ephydrid. + Muscid.
1	1	Skeloceras-ex ?
1	5	Solenotus-ex Agromyzid.
2	4	Sphegigaster-ex Agromyzid. + Muscid.
3	5	Stenomalina-ex Agromyzid. + Chloropid.
1	1	Syntomopus-ex Agromyzid.
1	1	Systasis-ex Agromyzid.
2	4	Telepsogos-ex Agromyzid.
1	1	Tetracampe-ex Agromyzid.
1	1	Xenocrepis-ex Agromyzid.
1	2	Xestomnaster-ex Trypetid.

allein ex **Hymenoptera** (H)

1	1	Neochrysocharis-ex Heterarthrus

allein ex **Lepidoptera** (L)

1	1	Amblymerus-ex Coleophorid.
2	3	Anaphes-ex Coleophorid, + Gracilariid.
1	1	Aphycopsis-ex Gracilariid.
1	1	Beierina-ex Gracilariid.
3	1	Belaspidia-ex Psychid.
1	1	Cleonymus-ex Gracilariid.
4	4	Copidosoma-ex Gracilariid. > Coleophorid.
1	10	Copidosomopsis-ex Coleophora
1	1	Cyrtoptyx-ex Coleophorid.
1	1	Dibrachoides-ex Gracilariid.
1	1	Dicladocerus-ex Coleophorid.
4	7	Elasmus-ex verschied. Lepidopt.

spp.	W.	
1	1	Encopa-ex Caloptilia-Gracilariid.
3	3	Encyrtus-ex Coleophorid. +Gracilariid.
1	1	Euderus-ex Coleophorid.
1	1	Eupteromalus-ex Acrolepia-Plutellid.
1	1	Eusandalum-ex Gracilariid.
1	1	Geniocerus-ex Gracilariid.
1	1	Hyperteles-ex Lyonetiid.
1	1	Megastigmus-ex Cosmopterygid.
1	1	Mercetina-ex Coleophorid.
1	1	Mesidiopsis-ex Gracilariid.
1	1	Miotropis-ex Coleophorid.
1	1	Ooctonus-ex Gracilariid.
1	1	Pentacnemus-ex Nepticulid.
1	1	Pseudencyrtus-ex Gracilariid.
1	1	Rhopalotus-ex Lyonetiid.
1	1	Spalangia-ex Coleophorid.
1	1	Stenomesius-ex Nepticulid.
1	1	Tetrastichodes-ex Lithocolletis-Gracilariid.
1	1	Tineomyza-ex Yponomeutid.
1	1	Tineophaga-ex Nepticulid.
1	1	Winnemana-ex Gracilariid.
1	6	Zagrammosoma-ex Gracilariid. +Lyonetidd.

Wirte-vielfalt der Chalcididae fallend gereiht:

W.	
23	Halticoptera-ex D
17	Lamprotatus-ex D
16	Miscogaster-ex D
10	Copidosomopsis-ex L
7	Elasmus-ex L
6	Ophioneurus-ex C
	Poropoea-ex C
	Zagrammosoma-ex L
5	Asaphes-ex D-hyper!
	Solenotus-ex D
	Stenomalina-ex D
4	Copidosoma-ex L
	Heptomerus-ex D
	Polycystus-ex D
	Sphegigaster-ex D
	Telepsogos-ex D
3	Anaphes-ex L
	Belaspidia-ex L
	Encyrtus-ex L
2	Bothriothorax-ex D
	Gitognathus-ex D
	Glyphognathus-ex D
	Myiomisa-ex D
	Picroscytoideus-ex C
	Rhopalicus-ex C
	Xestomnaster-ex D
1	alle übrigen

3. Ichneumonidae

spp.	W.	allein ex **Coleoptera** (C)
2	2	Echthrus-ex Rhynchaenus
1	1	Eriplanus-ex Phytonomus
1	1	Ischnocerus-ex Rhynchaenus
1	1	Neurateles-ex Rhynchaenus
1	1	Phaenolobus-ex Phytoecia
1	1	Polysphincta-ex Rhynchaenus
1	1	Temelucha-ex Psylliodes

spp.	W.	allein ex **Diptera** (D)
1	1	Herpestomus-ex Muscid.
1	1	Promethes-ex Agromyzid.
1	2	Stilpnus-ex Pegomyia-Muscid.

spp.	W.	allein ex **Hymenoptera** (H)
1	2	Gonotypus-ex Fenusa+Heterarthrus
4	3	Grypocentrus-ex Fenusinae
1	1	Hyposoter-ex Heterarthrus
1	2	Ipoctoninus-ex Scolioneura
5	15	Perilissus-ex Fenusinae-zumeist
1	1	Plectiscus-ex Fenusella
1	2	Polyblastus-ex Fenusa+Scolioneura
1	1	Polyselasmus-ex Scolioneura
1	1	Protarchus-ex Scolioneura
1	2	Synaeteris-ex Fenusinae+Heterarthrinae
1	1	Synodites-ex Fenusa
1	1	Tranosema-ex Heterarthrus

spp.	W.	allein ex **Lepidoptera** (L)
1	1	Atrometus-ex Incurvariid.
1	1	Bathyplectes-ex Coleophorid.

1	1	Caenocryptus-ex Lyonetiid.
1	1	Campoletis-ex Coleophorid.
7	10	Campoplex-ex verschied. Lepidopt.
1	1	Chorinaeus-ex Gracilariid.
1	1	Colpomeria-ex Gracilariid.
2	4	Cremastus-ex Coleophorid. +Zygaenid.
1	2	Cymodusa-ex Elachistid.
1	1	Diadromus-ex Acrolepia-Plutellid.
1	1	Diaschiaspis-ex Coleophorid.
1	1	Dicaelotus-ex Gelechiid.
2	2	Ecphoropsis-ex Gracilariid. +Incurvariid.
1	1	Epiurus-ex Coleophorid.
1	4	Eulimneria-ex Coleophorid.
2	3	Exochus-ex Coleophorid.+ Gracilariid.
5	8	Glypta-ex verschied. Lepidopt.
1	1	Glyptoteres-ex Gracilariid.
1	1	Gnypetomorpha-ex Elachistid.
1	1	Haplaspis-ex Gracilariid.
1	2	Hemichneumon-ex Coleophorid.+Pterophorid.
1	1	Heterocola-ex Coleophorid.
1	1	Homotropus-ex Douglasiid.
1	1	Hypsicera-ex Coleophorid.
2	2	Ichneumon-ex Gracilariid. +Incurvariid.
1	1	Inareolata-ex Gracilariid.
2	3	Ischnus-ex Coleophorid.
1	2	Iseropus-ex Gracilariid.
1	1	Labrorychus-ex Gelechiid.
2	3	Leptocryptus-ex Coleophorid.+Gracilariid
1	1	Lissonota-ex Coleophorid.
1	1	Mastrus-ex Coleophorid.
1	1	Meloboris-ex Coleophorid.
1	2	Mevesia-ex Elachistid.
1	1	Microcryptus-ex Coleophorid.
1	2	Micrope-ex Elachistid.
1	3	Nythobia-ex Lyonetiid.
3	4	Olesicampe-ex verschied Lepidopt.
14	55	Omorgus-ex verschied. Lepidopt.
1	1	Ophion-ex Lyonetiid
3	1	Phaedroctonus-ex Gracilaria.
1	1	Phaeogenes-ex Elachistid.
2	2	Phobetes-ex Coleophorid.
1	1	Phobocampe-ex Coleophorid.
1	1	Phytodietus-ex Gracilariid.
2	2	Stictopisthus-ex Gracilariid.
1	1	Syrphoctonus-ex Gracilariid.
1	1	Thyraeella-ex Acrolepia-Plutellid.
1	1	Thysiotorus-ex Coleophorid.
1	1	Trichomma-ex Gracilariid.
5	7	Triclistus-ex Gracilariid. > Coleophorid.

Wirte-vielfalt der Ichneumonidae fallend gereiht:

W.	
55	Omorgus-ex L
15	Perilissus-ex H
10	Campoplex-ex L
8	Glypta-ex L
7	Triclistus-ex L
4	Cremastus-ex L
	Eulimneria-ex L
	Olesicampe-ex L
3	Exochus-ex L
	Grypocentrus-ex H
	Ischnus-ex L
	Leptocryptus-ex L
	Nythobia-ex L
2	Cymodusa-ex L
	Echthrus-ex C
	Ecphoropsis-ex L
	Gonotypus-ex H
	Hemichneumon-ex L
	Holocremnus-ex H
	Ichneumon-ex L
	Ipoctoninus-ex H
	Iseropus-ex L
	Mevesia-ex L
	Micrope-ex L
	Phobetes-ex L
	Polyblastus-ex H
	Stictopisthus-ex L
	Stilpnus-ex D
	Synaeteris-ex H
1	alle übrigen

4. PROCTOTRUPIDAE (P)

spp.	W.	allein ex **Coleoptera** (C)
1	1	Calliceras-ex Brachonyx-Curcul.
1	1	Liophanurus-ex Rhynchaenus
		allein ex **Diptera** (D)
1	1	Ceratopria-ex Ephydrid.
1	1	Conostigmus-ex Drosophilid.
1	1	Leptacis-ex Psilid.-hyper
1	1	Platygaster-ex Agromyzid.
1	1	Polypeza-ex Agromyzid.
2	3	Trichopria-ex Agromyzid. >Muscid.
		allein ex **Lepidoptera** (L)
1	2	Aphanogmus-ex Gelechiid. +Gracilariid.
1	1	Microphanurus-ex Lithocolletis-Gracilariid.

5. BETHYLIDAE (V)

spp.	W.	allein ex **Lepidoptera** (L)
1	2	Bethylus-ex Coleophorid.+ Gelechiid.

6. CYNIPIDAE

spp.	W.	allein ex **Diptera** (D)
1	1	Cothonaspis-ex Agromyza
	1	Diglyphosema-ex Phytomyza
4	7	Eucoila-ex Pegomyia-Muscid.
2	2	Figites-ex Muscid.+Trypetid.
1	1	Gronotoma-ex Agroymza
1	1	Kleidotoma-ex Hydrellia-Ephydrid.
3	3	Microstilbe-ex Agromyzid.-Phytobia+Phytomyza
1	1	Rhynchacis-ex Psila-Psilid.
1	1	Synergus-ex Pegomyia-Muscid.
1	1	Trybliographa-ex Phorbia-Muscid.

7. DIPTERA

spp.	W.	allein ex **Coleoptera**
1	1	Nyctia-ex Lixus
1	2	Phaonia-ex Ceutorrhynchus
1	1	Psilopa-ex Lixus
2	1	Zeuxia-ex Lixus

spp.	W.	allein ex **Diptera** (D)
1	1	Melanophora-ex Pegomyia-Muscid.
1	1	Siphona-ex Pegomyia-Muscid.

spp.	W.	allein ex **Lepidoptera** (L)
2	1	Actia nigroscutellata-ex Elachista
	1	— nudibasis-ex Exoteleia-Gelechiid.
1	1	Bessa selecta-ex Epinotia-Tortricid.
1	1	Graphogaster-ex Lyonetiid.
1	2	Phytomiptera-ex Caloptilia-Gracilariid.

Parasiten-genera aus mehreren Wirte-ordines (C—D—H—L) gemeinsam sind mit Wirte-anzahl:

1. Braconidae

	C	D	H	L
.Acoelius (Adelius)	—	1	—	67
Agathis	—	1	—	46
Alysia	1	13	—	—
Apanteles	3	4	—	215
— albipennis	1	—	—	8
— circumscriptus	—	1	—	59
— fuliginosus	—	1	—	10
Aphidius	—	3	—	1
Ascogaster	—	1	—	10
— quadridentatus	—	1	—	1
— rufipes	—	—	1	3
Aspilota	—	4	—	3
— ruficornis	—	1	—	2
Blacus	—	2	—	2
Bracon	4	7	1	3
Colastes	2	17	3	46
— braconius	1	14	1	33
— decorator	—	1	—	2
— flavitarsis	—	1	—	4
— intermedius	—	1	—	2
— laevis	1	—	1	—
Diospilus	10	—	1	—
Eubadizon	12	—	—	2
Eurytenes abnormis	—	6	—	2
Glabrobracon	4	4	—	14
Habrobracon	1	—	—	2
Lucobracon	2	—	—	3
Macrocentrus	1	—	—	1
Meteorus	—	1	—	5
Microgaster	—	6	—	17
— globata	—	1	—	2
— rufipes	—	2	—	2
Opius	1	120	—	8
— abnormis	—	1	—	1
— ochrogaster	—	7	—	1
— reconditor	—	4	—	1
— rufipes	—	6	—	3
Orgilus	2	—	—	24
Orthobracon	—	1	—	5
Orthostigma	—	6	—	1
— pumila	—	3	—	1
Perilitus	1	1	—	—
Phanomeris dimidiatus	1	—	2	2
Triaspis	14	2	2	4
— caudatus	3	1	—	2
— curculionum	1	—	—	1
— floricola	1	—	2	—

2. Chalcididae

	C	D	H	L
Achrysocharis	—	4	—	6
— formosa	—	2	—	5
Ageniaspis	—	1	—	13
Atoposomoidea	8	3	3	98
— luteus	1	—	—	1
— pictus	5	—	3	20
— — var. arcuatus	1	—	—	5
— vittatus	4	3	2	10
Callitula	—	3	—	1
— bicolor	—	1	—	1
Chrysocharis	9	90	3	28
Chrysocharis albula	—	4	—	1
— orchestis	5	—	—	8
— petiolata	—	2	—	1
— syma	—	13	—	2
Cirrospilus	4	2	—	20
— elegantissimus	4	—	—	12
Closterocerus	1	3	—	9
— trifasciatus	1	1	—	8
Derostenus	—	10	3	14
— conformis	—	1	—	1
Dibrachys	—	2	—	3
— cavus	—	2	—	2
Elachertus	4	2	—	8
— obscuripes	3	—	—	4
Enaysma	1	2	—	26
— chrysostoma	1	2	—	3
Entedon	9	18	1	41
— latreillei	—	2	—	1
— lunatus	1	—	—	5
— luteipes	2	—	—	1
— sesquifasciatus	1	—	1	1
— unicostatus	1	—	—	6
Epilampsis	2	2	2	34
— boops	1	—	—	4
— elongatus	—	1	—	3
— gemma	—	1	—	1
— laricinellae	—	—	1	3
— tadici	1	—	—	10
Eulophus	11	4	1	41

— cruciatus	2	—	1	—
— larvarum	4	—	—	1
— obscurus	1	—	—	4
Eupelmella vesicularis	1	1	—	6
Eupelmus	3	2	—	5
— annulatus	1	—	—	2
— atropurpureus	1	1	—	1
— urozonus	1	—	—	1
Eurytoma	6	—	—	2
Eutelus	1	3	—	1
— semiclavatus	—	2	—	1
Habrocytus	7	3	—	16
Hemiptarsenus	1	2	1	11
— dropion	—	—	1	6
— unguicellus	—	2	—	1
Mesopolobus	1	1	—	3
Necremnus	3	1	—	7
— leucarthros	3	1	—	2
Omphale	—	1	—	4
Pediobius	—	2	—	8
Pleurotropis	1	17	—	16
— cribrifrons	—	1	—	2
Pnigalio	6	2	—	27
— longulus	1	—	—	4
— pectinicornis	5	2	—	19
Pteromalus	11	2	—	4
Stictomischus	—	13	—	1
Sympiesis	2	1	1	84
— acalle	—	1	—	12
— gordius	1	—	—	21
— sericeicornis	—	—	2	41
— xanthostoma	1	—	—	5
Systole	1	1	—	—
Tetrastichus	17	10	1	44
— amethystinus	1	—	—	4
— brevicornis	—	2	—	1
— cyclogaster	2	—	—	7
— inunctus	—	1	—	5
— pospjelovi	1	—	—	1
— xanthops	2	2	1	12
Torymus	—	1	—	2
Trichogramma				
— evanescens	1	2	—	1
Trichomalus	12	—	—	5
— diachymatis	5	—	—	2
— herbidus	3	—	—	3

3. Ichneumonidae

Anilastus	1	—	—	2
Astomaspis	1	—	—	9
— melanarius	1	—	—	3
Ctenochira	—	—	1	1
Ephialtes	7	—	1	44
— calobatus	1	—	—	17
— inquisitor	—	—	1	2
— nucum	1	—	—	15
Gelis	1	1	—	67
— acarorum	—	1	—	1
— comes	1	—	—	1
Hemiteles	1	2	2	71
— aestivalis var. modestus	1	—	—	1
— areator	—	—	1	18
Holocremnus	—	—	1	1
Horogenes	1	2	3	135
— cerophaga	—	—	1	8
— coleophorarum	—	—	1	2
— fenestralis	1	1	—	5
— tibialis	—	1	—	6
— vestigialis	—	—	1	3
Itoplectis	3	—	3	31
— alternans	1	—	3	14
— maculator	2	—	—	16
Lathrolestes	—	—	4	3
Mesochorus	1	—	—	6
Mesoleius	—	—	1	1
Nemeritis	1	2	—	4
— macrocentrus	1	—	—	2
Phygadeuon	1	5	—	1
Pimpla	1	1	—	8
— examinator	1	1	—	3
Pristomerus	—	1	—	3
— vulnerator	—	1	—	2
Sagaritis	—	—	1	2
Scambus	4	—	7	20
— brevicornis	—	—	1	7
— detritus	1	—	—	4
— sagax	3	—	3	5
Tersilochus	12	—	—	2
Theroscopus	—	1	—	4

Von voranstehenden, nur teilweise gemeinsamen Parasiten sind in fallender Wirtevielfalt

ex **Coleoptera:**

W.

12 — Eubadizon-B
— Tersilochus-I
— Trichomalus-Ch
11 — Pteromalus-Ch
10 — Diospilus-B
8 — Atoposomoidea-Ch
7 — Ephialtes-I
— Habrocytus-Ch

6 — Eurytoma-Ch
— Pnigalio-Ch
5 — Atoposmoidea pictus-Ch
— Chrysocharis orchestis-Ch
— Pnigalio pectinicornis-Ch
— Trichomalus diachymatis-Ch
4 — Atopospmoidea vittatus-Ch
— Cirrospilus elegantissimus-Ch
— Elachertus-Ch
— Eulophus larvarum-Ch
— Glabrobracon-B
— Scambus-I
3 — Apanteles-B
— Elachertus obscuripes-Ch
— Eupelmus-Ch
— Itoplectis-I
— Necremnus leucarthros-Ch
— Scambus sagax-I
— Triaspis caudatus-B
— Trichomalus herbidus-Ch
2 — Entedon luteipes-Ch
— Eulophus cruciatus-Ch
— Itoplectis maculator-I
— Lucobracon-B
— Orgilus-B
— Tetrastichus cyclogaster-Ch
1 — alle übrigen

ex **Diptera:**

W.
120 — Opius-B
17 — Pleurotropis-Ch
13 — Alysia-B
— Chrysocharis syma-Ch
— Stictomischus-Ch
10 — Derostenus-Ch
7 — Opius ochrogaster-B
6 — Eurytenes-B
— Microgaster-B
— Opius rufipes-B
— Orthostigma-B
5 — Phygadeuon-I
4 — Achrysocharis-Ch
— Apanteles-B
— Aspilota-B
— Chrysocharis albula-Ch
— Glabrobracon-B
— Opius reconditor-B
3 — Aphidius-B
— Callitula-Ch
— Closterocerus-Ch
— Eutelus-Ch
— Habrocytus-Ch
— Orthostigma pumilum-B
2 — Achrysocharis formosa-Ch
— Blacus-B
— Chrysocharis petiolata-Ch
— Cirrospilus-Ch
— Dibrachys cavus-Ch
— Elachertus-Ch
— Enaysma chrysostoma-Ch
— Entedon latreillei-Ch
— Eupelmus-Ch
— Eutelus semiclavatus-Ch
— Hemiptarsenus-Ch
— unguicellus-Ch
— Microgaster rufipes-B
— Nemeritis-I
— Pediobius-Ch
— Pnigalio-Ch
— pectinicornis-Ch
— Pteromalus-Ch
— Tetrastichus brevicornis-Ch
— Trichogramma evanescens-Ch
1 — alle übrigen

ex **Hymenoptera:**

W.
7 — Scambus-I
4 — Lathrolestes-I
3 — Atoposomoidea pictus-Ch
— Derostenus-Ch
— Itoplectis-I
— alternans-I
— Scambus sagax-I
2 — Atoposomoidea vittatus-Ch
— Phanomeris dimidiatus-B
— Sympiesis sericeicornis-Ch
— Triaspis floricola-B
1 — alle übrigen

ex **Lepidoptera:**

W.
215 — Apanteles-B
67 — Acoelius-B
— Gelis-I
59 — Apanteles circumscriptus-B
46 — Agathis-B
44 — Ephialtes-I
41 — Sympiesis sericeicornis-Ch
35 — Acoelius subfasciatus-B
31 — Itoplectis-I
27 — Pnigalio-Ch
26 — Enaysma-Ch
24 — Orgilus-B
21 — Sympiesis gordius-Ch

20 — Atoposomoidea pictus-Ch
— Cirrospilus-Ch
— Scambus-I
19 — Pnigalio pectinicornis-Ch
18 — Hemiteles areator-I
17 — Ephialtes calobatus-I
— Microgaster-B
16 — Habrocytus-Ch
— Itoplectis maculator-I
— Pleurotropis-Ch
15 — Ephialtes nucum-I
14 — Derostenus-Ch
— Glabrobracon-B
— Itoplectis alternans-I
13 — Ageniaspis-Ch
12 — Cirrospilus elegantissimus-Ch
— Sympiesis acalle-Ch
11 — Hemiptarsenus-Ch
10 — Apanteles fuliginosus-B
— Ascogaster-B
— Epilampsis tadici-Ch
9 — Astomaspis-I
— Closterocerus-Ch
8 — Acoelius viator-B
— Apanteles albipennis-B
— Chrysocharis orchestis-Ch
— Closterocerus trifasciatus-Ch
— Elachertus-Ch
— Horogenes cerophaga-I
— Opius-B
— Pediobius-Ch
— Pimpla-I
7 — Necremnus-Ch
— Scambus brevicornis-I
— Tetrastichus cyclogaster-Ch
6 — Achrysocharis-Ch
— Eupelmella vesicularis-Ch
— Hemiptarsenus dropion-Ch
— Horogenes tibialis-I
— Mesochorus-I
5 — Achrysocharis formosa-Ch
— Acoelius dubius-B
— erythronotus-B
— subfuscus-B
— Atoposomoidea pictus v. arcuatus-Ch
— Entedon luteipes-Ch
— Eupelmus-Ch
— Horogenes fenestralis-I
— Meteorus-B
— Orthrobracon-B
— Scambus sagax-I
— Sympiesis xanthostoma-Ch
— Tetrastichus inunctus-Ch
— Trichomalus-Ch
4 — Colastes flavitarsis-B
— Elachertus obscuripes-Ch
— Enaysma chrysostoma-Ch
— Epilampsis boops-Ch
— Eulophus obscurus-Ch
— Nemeritis-I
— Omphale-Ch
— Pnigalio longulus-Ch
— Pteromalus-Ch
— Scambus detritus-I
— Tetrastichus amethystinus-Ch
— Theroscopus-I
— Triaspis-B
3 — Ascogaster rufipes.-B
— Aspilota-B
— Astomaspis melanarius-I
— Dibrachys-Ch
— Epilampsis elongatus-Ch
— laricinellae-Ch
— Horogenes vestigialis-I
— Lathrolestes-I
— Lucobracon.-B
— Mesopolobus-Ch
— Opius rufipes-B
— Pimpla examinator-I
— Pristomerus-I
— Pteromalus-Ch
— Trichomalus herbidus-Ch
2 — Acoelius flavostigma-B
— parvulus-B
— Anilastus-I
— Aspilota ruficornis-B
— Blacus-B
— Chrysocharis syma-Ch
— Colastes decorator-B
— intermedius-B
— Dibrachys cavus-Ch
— Ephialtes inquisitor-I
— Eubadizon-B
— Eupelmus annulatus-Ch
— Eurytenes abnormis-Ch
— Eurytoma-Ch
— Habrobracon-B
— Horogenes coleophorarum-I
— Microgaster globata-B
— rufipes-B
— Necremnus leucarthros-Ch
— Nemeritis macrocentrus-I
— Phanomeris dimidiatus-B
— Pleurotropis cribrifrons-Ch
— Pristomerus vulnerator-I

— Sagaritis-I
— Tersilochus-I
— Torymus-Ch
— Triaspis caudatus-B
— Trichomalus diachymatis-Ch
1 — alle übrigen

Aus den vorangegangenen Aufstellungen ergeben sich folgende bemerkenswerte Beziehungen:

Von den in Betracht gezogenen Blattminierern (680 spp.) dominieren nach ihrer Artenzahl weitaus die **Lepidoptera** (415 spp.), vor den **Diptera** (213 spp.); es folgen nach weitem Abstand die **Coleoptera** (35 spp.); die **Hymenoptera** (17 spp.) stehen an niedrigster Stelle.

Die Hauptmasse der Parasiten finden sich bei den Lepidoptera als CHALCIDIDAE (222 spp.)—137 spp. bei den Diptera und 82 spp. bei den Coleoptera.

Die BRACONIDAE sind mit 211 spp. bei den Diptera vorherrschend (173 spp. bei den Lepidoptera).

Die ICHNEUMONIDAE herrschen mit 217 spp. bei den Lepidoptera vor.

Die CYNIPIDAE (16 spp.) finden sich allein bei den Diptera als Parasiten.

Dagegen verschwinden nahezu die PROCTOTRUPIDAE: mit 7 spp. bei den Diptera und je 2 spp. bei den Coleoptera und Lepidoptera (also insgesamt nur 11 spp.), gleichwie die parasitischen DIPTERA (Tachinidae) mit nur 5 spp. bei den Coleoptera, mit nur 4 spp. bei den Lepidoptera und mit nur 2 spp. bei den Diptera aufscheinen, bzw. die BETHYLIDAE (V) mit nur 1 sp. bei den Lepidoptera vertreten sind.

Unter den 4 Wirte-ordines (**C, D, H, L**) der Blattminierer stellen die Hymenoptera die geringste Artenzahl von Parasiten (56), es folgen ansteigend die Coleoptera (169), Diptera (385) und Lepidoptera (mit der grössten Artenzahl von Parasiten: 616 spp.).

Allein bei den **Coleoptera** ist Calyptus (B) aus Rhynchaenus (4 Wirte) als Eigenparasit anzusehen; von den Chalcididae gelten: Ophioneurus signatus Rtzbg. und Poropoea stollwerki Frst. mit je 6 Wirten (Rhynchaenus) als spezifische Coleopteren-Parasiten.

Allein bei den **Diptera** gelten die Braconidae: Dacnusa (aus 102 Wirten-Agromyzidae), Rhizarcha aus 81 Wirten, Pachysema aus 34 Wirten, Toxelea aus 20 Wirten und Nosopaeus aus 16 Wirten u.s.w. —

von den Chalcididae: Halticoptera (aus 23 Wirten-Agromyzidae), Lamprotatus (aus 17 Wirten), Miscogaster (mit 16 Wirten) und Chrysocharis punctifrons Thn. (aus 15 Wirten-Agromyzidae), vor allen anderen, sowie Trichopria (P) aus 3 Wirten-Muscidae) als eigentliche Dipteren-Parasiten.

Von den angeführten CYNIPIDAE (mit 10 Genera u. 16 spp.) sind vor allen: Eucoila (mit 7 Wirten-ex Pegomyia) und Microstilbe (mit 3 Wirten-ex Phytobia u. Phytomyza-Agromyzidae) hervortretend und insgesamt allein bei **Diptera** vorkommende Parasiten.

Allein als spezielle Parasiten der **Lepidoptera** erscheinen vor allen: Mirax (B) aus Stigmella (Nepticula) mit 14 Wirten; von den Chalcididae: Copidosomopsis aus 10 Wirten, sowie die Ichneumonidae: Omorgus (55 Wirte), Campoplex (10 Wirte) und Glypta (8 Wirte) als besonders zahlreich vertreten.

Die **Hymenoptera** haben die Ichneumonidae: Perilissus (aus 15 Wirten zumeist Fenusinae) und Grypocentrus (aus 3 Wirten-Fenusinae) unter andern als die häufigsten Eigenparasiten aufzuweisen.

Gemeinsam aus allen 4 Wirte-ordines (**C**, **D**, **H**, **L**) treten als eigentliche Parasiten der Blattminierer die in nachstehender Tabelle mit ihrer Wirtezahl angeführten Gattungen und Arten hervor:

Parasiten		Wirte			
Fam.	Genus	**C**	**D**	**H**	**L**
Braconidae	Bracon	4	7	1	3
	Colastes	2	17	3	46
	— braconius	1	14	1	33
	Triaspis	14	2	2	4
Chalcididae	Atoposomoidea	8	3	3	98
	— vittatus	4	3	2	10
	Chrysocharis	9	90	3	28
	Entedon	9	18	1	43
	Epilampsis	2	2	2	36
	Eulophus	11	4	1	41
	Hemiptarsenus	1	2	1	11
	Sympiesis	2	1	1	84
	Tetrastichus	17	10	1	44
	— xanthops	2	2	1	12
Ichneumonidae	Hemiteles	1	2	2	71
	Horogenes	1	2	3	135

dabei überwiegen für die **Coleoptera:** Tetrastichus (17), Triaspis (14) u.s.w.
für die **Diptera:** Chrysocharis (90), u.s.w.
für die **Lepidoptera:** Horogenes (135)
Atoposomoidea (98)
Sympiesis (84)
Hemiteles (71)
Colastes (46)
Epilampsis (36) u.s.w.

sonach kommen im Vergleich der Wirte-häufigkeit am meisten in Betracht

Betracht	für **Coleoptera:**	Tetrastichus (17) u. Triaspis (14)
	für **Diptera:**	Chrysocharis (90)
	für **Lepidoptera:**	Horogenes (135)
		Atoposomoidea (98)
		Sympiesis (84)
		Hemiteles (71),

wobei allerdings einschränkend zu bemerken ist, dass die Ichneumonidae: Horogenes u. Hemiteles zum grösstenteil aus Nicht-Volldauer-Blattminierern gezogen worden sind. — Tendenz zur tatsächlichen Gemeinsamkeit für alle 4 Wirte-ordines zeigen eigentlich nur 2 Parasiten-Genera obiger Tabelle, nämlich:

Colastes u. Chrysocharis.

In allen Fällen, wo die Zahlengegensätze der Wirte auffällig verschieden sind, liegt die Vermutung nahe, dass die verschiedenen kleinen Wirtezahlen vielleicht auf Fehlbeziehungen bzw. Unsicherheit der Wirts-oder Zuchtangaben beruhen könnten.

Durch ihre zahlenmässig überragende Wirte-vielfalt treten noch bemerkenswert hervor, bzw. gelten an die Wirtsordnungen (**C**, **D**, **H**, **L**) als gebunden und seien anschliessend im einzelnen noch folgende Parasiten-genera erwähnt, bei den

Coleoptera:

W.

17 — (Tetrastichus)-Ch
14 — (Triaspis)-B
12 — (Eubadizon)-B
— (Tersilochus)-I
— (Trichomalus)-Ch
11 — (Pteromalus)-Ch
10 — (Diospilus)-B
6 — Ophioneurus-Ch
— Poropoea-Ch
4 — Microctonus-B
3 — Calyptus-B
2 — Echthrus-I
— Phaonia-D
— Picroscytoideus-Ch
— Rhopalicus-Ch
— Spathius-B
— Striobracon-B
1 — Brachistes-B
— Calliceras-P
— Doryctes-B
— Eriplanus-I
— Eunotus-Ch
— Glyptomorpha-B
— Heterospilus-B
— Hockeria-Ch
— Ischnocerus-I
— Liophanurus-P
— Microdus-B
— Neurateles-I
— Norbanus-Ch
— Nyctia-D
— Perilampus-Ch
— Phaenolobus-I
— Polysphincta-I
— Psilopa-D
— Sigalphus-B
— Spartiophilus-Ch
— Temelucha-I
— Tomicobia-Ch
— Zeuxia-D

Diptera

120 — (Opius)-B
102 — Dacnusa-B

W.

90 — (Chrysocharis)-Ch
81 — Rhizarcha-B
34 — Pachysema-B
23 — Halticoptera-Ch
20 — Toxelea-B
17 — Lamprotatus-Ch
— (Pleurotropis)-Ch
16 — Miscogaster-Ch
— Nosopaeus-B
13 — (Alysia)-B
— Chorebus-B
— (Stictomischus)-Ch
10 — (Derostenus)-Ch
9 — Phaenocarpa-B
8 — Ademon-B
7 — Antrusa-B
— Eucoila-Cy
5 — Asaphes-Ch
— Chaenusa-B
— Coelinius-B
— Solenotus-Ch
— Stenomalina-Ch
4 — Gyrocampa-B
— Heptomerus-Ch
— Polycystus-Ch
— Sphegigaster-Ch
— Telepsogos-Ch
3 — Microbracon-B
— Microstilbe-Cy
— Trichopria-P
2 — Aphaereta-B
— Bothriothorax-Ch
— Dapsilarthra-B
— Figites-Cy
— Gitognathus-Ch
— Glyphognathus-Ch
— Hygroplitis-B
— Kentema-Ch
— Myiomisa.-Ch
— Pachylomma-B
— Pentapleura-B
— Xestomnaster-Ch
1 — Adelura-B
— Bobeckia-B

— Bruchophagus-Ch
— Cardiochiles-B
— Ceratopria-P
— Chasmodon-B
— Chrysolampus-Ch
— Compressaria-B
— Conostigmus-P
— Cothonaspis-Cy
— Cyrtogaster-Ch
— Decatoma-Ch
— Diaulinopsis-Ch
— Diglyphosema-Cy
— Gonatocerus-Ch
— Grandia-B
— Gronotoma-Cy
— Herpestomus-I
— Holcopelte-Ch
— Kleidotoma-Cy
— Leptacis-P
— Melanophora-D
— Merismus-Ch
— Mesora-B
— Ormyrus-Ch
— Pachyceras-Ch
— Panstenon-Ch
— Platygaster-P
— Polypeza-P
— Priapsis-B
— Promethes-I
— Rhynchacis-Cy
— Siphona-D
— Skeloceras-Ch
— Stiphrocera-B
— Symphya-B
— Synergus-Cy
— Syntomopus-Ch
— Systasis-Ch
— Tanycarpa-B
— Tetracampe-Ch
— Therobolus-B
— Trybliographa-Cy
— Xenocrepis-Ch

W **Hymenoptera**

15 — Perilissus-I
7 — (Scambus)-I
4 — (Lathrolestes-I
3 — Grypocentrus-I
2 — Gonotypus-I
— Ichneutes-B
— Ipoctoninus-I
— Polyblastus-I
— Polyselasmus-I
— Synaeteris-I
1 — (Holocremnus)-I
— Hyposoter-I
— Neochrysocharis-Ch
— Plectiscus-I
— Protarchus-I
— Synodites-I
— Tranosema-I

W **Lepidoptera**

215 — (Apanteles)-B
135 — (Horogenes)-I
98 — (Atoposomoidea)-Ch
84 — (Sympiesis)-Ch
71 — (Hemiteles)-I
67 — (Acoelius)-B
— (Gelis)-I
55 — Omorgus-I
46 — (Agathis)-B
44 — (Ephialtes)-I
17 — (Microgaster)-B
14 — Mirax-B
13 — (Ageniaspis)-Ch
10 — Campoplex-I
— Copidosomopsis-Ch
8 — Glypta-I
— Gnaptodon-B
7 — Elasmus-Ch
— Triclistus-I
6 — Chelonella-B
— Chelonus-B
— Orthobracon-B
5 — Zagrammosoma-Ch
4 — Copidosoma-Ch
— Cremastus-I
— Earinus-B
— Eulimneria-I
— Olesicampe-I
3 — Anaphes-Ch
— Encyrtus-Ch
— Exochus-I
— Ischnus-I
— Leptocryptus-I
— Nythobia-I
2 — Actia-D
— Aphanogmus-P
— Bethylus-V
— Cymodusa-I
— Dicladocerus-Ch
— Ecphoropsis-I
— Hemichneumon-I
— Ichneumon-I

— Inareolata-I
— Iseropus-I
— Mevesia-I
— Micrope-I
— Microplitis-B
— Oncophanes-B
— Phobetes-I
— Phytomiptera-D
— Stictopisthus-I
1 — Amblymerus-Ch
— Aphycopsis-Ch
— Atrometus-I
— Baeognatha-B
— Bathyplectes-I
— Beierina-Ch
— Belaspidia-Ch
— Bessa-D
— Caenocryptus-I
— Campoletis-I
— Centistes-B
— Chorinaeus-I
— Cleonymus-Ch
— Coeloides-B
— Colpomeria-I
— Cyrtoptyx-Ch
— Diadromus-I
— Diaschiaspis-I
— Dicaelotus-I
— Dibrachoides-Ch
— Encopa-Ch
— Epiurus-I
— Euderus-Ch
— Euphorus-B
— Eupteromalus-Ch
— Eusandalum-Ch
— Geniocerus-Ch
— Glyptoteres-I
— Gnypetomorpha-I
— Graphogaster-D
— Haplaspis-I
— Heterocola-I
— Homotropus-I
— Hormius-B
— Hyperteles-Ch
— Hypsicera-I
— Labrorychus-I
— Lissonota-I
— Mastrus-I
— Megastigmus-Ch
— Meloboris-I
— Mercetina-Ch
— Mesidiopsis-Ch
— Microcryptus-I
— Microphanurus-P
— Miotropis-Ch
— Ooctonus-Ch
— Ophion-I
— Pentacnemus-Ch
— Phaedroctonus-I
— Phaeogenes-I
— Phanerotoma-B
— Phobocampe-I
— Phytodietus-I
— Pseudencyrtus-Ch
— Rhopalotus-Ch
— Spalangia-Ch
— Stenomesius-Ch
— Syrphoctonus-I
— Tetrastichodes-Ch
— Thyraeella-I
— Thysiotorus-I
— Tineomyza-Ch
— Tineophaga-Ch
— Toxares-B
— Winnemana-Ch

wobei in obiger Tabelle in Klammer () die nicht ausschliesslich an die obgenannte Wirtsordnung (**C, D, H, L**) gebundenen Parasiten-genera herausgehoben sind.

Da im Voranstehenden die Zahlen der Wirtevielfalt bei den 4 Wirte-ordines auf die 3 unterschiedlichen Gruppen:

a) nach: **C, D, H, L**-getrennt allein, (vgl. Seite 176-180),

b) für: **C, D, H, L,** allen 4 gemeinsam, (vgl. Seite 187),

c) nur zum Teil gemeinsame (vgl. Seite 181-185).

Parasiten-spp. im besondern aufgeteilt worden sind, wobei der Überblick über die tatsächliche Reihung der Wirtevielfalt im Hinblick auf die Wirtsgruppen-zugehörigkeit zerrissen erscheint, wird zum Schluss noch die totale Wirte-vielfalt aller Parasiten-Genera in der absolut nummerisch geltenden Reihenfolge aufgeführt, worunter auch die nur aus 1 Wirt bekannten Parasiten-Genera mit genauerer Angabe ihrer Wirtszugehörigkeit einmalig herausgestellt sind, weil gerade bei diesen letzteren, nur einmaligen Wirtsangaben, das Augenmerk auf etwaige Unsicherheit der Wirts- oder Zuchtangaben bzw. auf Fehlbeziehungen vor allem geboten ist.

Fallende Reihung der totalen Wirte-vielfalt aller Parasiten-Genera

W.	Genus
222	— Apanteles (B)-ex (L)[1])
141	— Horogenes (I)-ex (L)
130	— Chrysocharis (Ch)-ex (D)
129	— Opius (B)-ex (D)
112	— Atoposomoidea (Ch)-ex (L)
102	— Dacnusa (B)-ex D
88	— Sympiesis (Ch)-ex (L)
81	— Rhizarcha (B)-ex D
76	— Hemiteles (I)-ex (L)
72	— Tetrastichus (Ch)-ex (L)
71	— Entedon (Ch)-ex (L)
69	— Gelis (I)-ex (L)
68	— Acoelius (B)-ex (L)
	— Colastes (B)-ex (L)
57	— Eulophus (Ch)-ex (L)
55	— Omorgus (I)-ex L
52	— Ephialtes (I)-ex (L)
47	— Agathis (B)-ex (L)
42	— Epilampsis (Ch)-ex (L)
37	— Itoplectis (I)-ex (L)
35	— Pnigalio (Ch)-ex (L)
34	— Pachysema (B)-ex D
	— Pleurotropis (Ch)-ex (D)
31	— Scambus (I)-ex (L)
29	— Enaysma (Ch)-ex (L)
27	— Derostenus (Ch)-ex (L)
26	— Cirrospilus (Ch)-ex (L)
	— Habrocytus (Ch)-ex (L)
	— Orgilus (B)-ex (L)
23	— Halticoptera (Ch)-ex D
	— Microgaster (B)-ex (L)
22	— Glabrobracon (B)-ex (L)
	— Triaspis (B)-ex (C)
20	— Toxelea (B)-ex D
17	— Lamprotatus (Ch)-ex D
	— Pteromalus (Ch)-ex (C)
	— Trichomalus (Ch)-ex (C)
16	— Miscogaster (Ch)-ex D
	— Nosopaeus (B)-ex D
15	— Hemiptarsenus (Ch)-ex (L)
	— Perilissus (I)-ex H
14	— Ageniaspis (Ch)-ex (L)
	— Alysia (B)-ex (D)
	— Eubadizon (B)-ex (C)
	— Mirax (B)-ex L
	— Stictomischus (Ch)-ex (D)
	— Tersilochus (I)-ex (C)
13	— Chorebus (B)-ex D
11	— Diospilus (B)-ex (C)
10	— Astomaspis (I)-ex (L)
	— Campoplex (I)-ex L
	— Copidosomopsis (Ch)-ex L
8	— Ademon (B)-ex D
	— Diglyphus (Ch)-ex D
	— Glypta (I)-ex L
	— Gnaptodon (B)-ex L
	— Phaenocarpa (B)-ex D
7	— Antrusa (B)-ex D
	— Elasmus (Ch)-ex L
	— Eucoila (Cy)-ex D
	— Lathrolestes (I)-ex (H)
	— Orthostigma (B)-ex (D)
	— Phygadeuon (I)-ex (D)
6	— Chelonella (B)-ex L
	— Chelonus (B)-ex L
	— Ophioneurus (Ch)-ex C
	— Orthobracon (B)-ex (L)
	— Poropoea (Ch)-ex C
	— Zagrammosoma (Ch)-ex L
5	— Asaphes (Ch)-ex D
	— Chaenusa (B)-ex D
	— Coelinius (B)-ex D
	— Solenotus (Ch)-ex D
	— Stenomalina (Ch)-ex D
4	— Copidosoma (Ch)-ex L
	— Cremastus (I)-ex L
	— Earinus (B)-ex L
	— Eulimneria (I)-ex L
	— Gyrocampa (B)-ex D
	— Heptomerus (Ch)-ex D
	— Microctonus (B)-ex C
	— Olesicampe (I(-ex L
	— Polycystus (Ch)-ex D
	— Sphegigaster (Ch)-ex D
	— Telepsogos (Ch)-ex D
3	— Anaphes (Ch)-ex L
	— Calyptus (B)-ex C
	— Encyrtus (Ch)-ex L
	— Exochus (I)-ex L
	— Grypocentrus (I)-ex H
	— Ischnus (I)-ex L
	— Leptocryptus (I)-ex L
	— Microbracon (B)-ex D

1) Die eingeklammerten (C,D,H,L) bedeuten: vorzugsweise—jedoch nicht ausschliesslich Wirts-gebunden!

— Microstilbe (Cy)-ex D
— Nythobia (I)-ex L
— Trichopria (P)-ex D

2 — Actia (D)-ex L
— Aphaereta (B)-ex D
— Aphanogmus (P)-ex L
— Bethylus (V)-ex L
— Bothriothorax (Ch)-ex D
— Cymodusa (I)-ex L
— Dapsilarthra (B)-ex D
— Dicladocerus (Ch)-ex L
— Echthrus (I)-ex C
— Ecphoropsis (I)-ex L
— Figites (Cy)-ex D
— Gitognathus (Ch)-ex D
— Glyphognathus (Ch)-ex D
— Gonotypus (I)-ex H
— Hemichneumon (I)-ex L
— Holocremnus (I)-ex (H+L)
— Hygroplitis (B)-ex D
— Ichneumon (I)-ex L
— Ichneutes (B)-ex H
— Inareolata (I)-ex L
— Ipoctoninus (I)-ex H
— Iseropus (I)-ex L
— Kentema (Ch)-ex D
— Mevesia (I)-ex L
— Micrope (I)-ex L
— Microplitis (B)-ex L
— Myiomisa (Ch)-ex D
— Oncophanes (B)-ex L
— Pachylomma (B)-ex D
— Pentapleura (B)-ex D
— Phaonia (D)-ex C
— Phobetes (I)-ex L
— Phytomiptera (D)-ex L
— Picroscytoideus (Ch)-ex C
— Polyblastus (I)-ex H
— Rhopalicus (Ch)-ex C
— Spathius (B)-ex C
— Stictopisthus (I)-ex L
— Stilpnus (I)-ex D
— Striobracon (B)-ex C
— Synaeteris (I)-ex H
— Xestomnaster (Ch)-ex D

1 — Adelura (B)-ex D/Muscid.
— Amblymerus (Ch)-ex L/Coleophorid.
— Aphycopsis (Ch)-ex L/Gracilariid.
— Atrometus (I)-ex L/Incurvariid.
— Baeognatha (B)-ex L/Coleophorid.
— Bathyplectes (I)-ex L/Coleophorid.
— Beierina (Ch)-ex L/Gracilariid.
— Belaspidia (Ch)-ex L/Psychid.
— Bessa (D)-ex L/Tortricid.
— Bobeckia (B)-ex D/Agromyzid.
— Brachistes (B)-ex C/Curculionid.
— Bruchophagus (Ch)-ex D/Agromyzid.
— Caenocryptus (I)-ex L/Lyonetiid.
— Calliceras (P)-ex C/Curculionid.
— Campoletis (I)-ex L/Coleophorid.
— Cardiochiles (B)-ex D/Chloropid.
— Centistes (B)-ex L/Elachistid.
— Ceratopria (P)-ex D/Ephydrid.
— Chasmodon (B)-ex D/Agromyzid.
— Chorinaeus (I)-ex L/Gracilariid.
— Chrysolampus (Ch)-ex D/Agromyzid.
— Cleonymus (Ch)-ex L/Gracilariid.
— Coeloides (B)-ex L/Tortricid.
— Colpomeria (I)-ex L/Gracilariid.
— Compressaria (B)-ex D/Muscid.
— Conostigmus (P)-ex D/Drosophilid.
— Cothonaspis (Cy)-ex D/Agromyzid.
— Cyrtogaster (Ch)-ex D/Agromyzid.
— Cyrtoptyx (Ch)-ex L/Coleophora
— Decatoma (Ch)-ex D/Muscid.
— Diadromus (I)-ex L/Plutellid.
— Diaschiaspis (I)-ex L/Coleophorid.
— Diaulinopsis (Ch)-ex D/A,h
— Dibrachoides (Ch)-ex L/Gracilariid.

— Dicaelotus (I)-ex L/Cosmopterygid.
— Diglyphosema (Cy)-ex D/A-gromyzid.
— Doryctes (B)-ex C/Curculionid.
— Encopa (Ch)-ex L/Gracilariid.
— Epius (I)-ex L/Coleophorid.
— Eriplanus (I)-ex C/Curculionid.
— Euderus (Ch)-ex L/Coleophorid.
— Eunotus (Ch)-ex C/Curculionid.
— Euphorus (B)-ex L/Coleophorid.
— Eupteromalus (Ch)-ex L/Plutellid.
— Eusandalum (Ch)-ex L/Gracilariid.
— Geniocerus (Ch)-ex L/Gracilariid.
— Glyptomorpha (B)-ex C/Curculionid.
— Glyptoteres (I)-ex L/Gracilariid.
— Gnypetomorpha (I)-ex L/Elachistid.
— Gonatocerus (Ch)-ex D/Ephydrid.
— Grandia (B)-ex D/Agromyzid.
— Graphogaster (D)-ex L/Lyonetid.
— Gronotoma (Cy)-ex D/Agromyzid.
— Haplaspis (I)-ex L/Gracilariid.
— Herpestomus (I)-ex D/Muscid.
— Heterocola (I)-ex L/Coleophorid.
— Heterospilus (B)-ex C/Curculionid.
— Hockeria (Ch)-ex C/Curculionid.
— Holcopelte (Ch)-ex D/Itonidid.
— Homotropus (I)-ex L/Douglasiid.
— Hormius (B)-ex L/Coleophorid.
— Hyperteles (Ch)-ex L/Lyonetiid.
— Hyposoter (I)-ex H/Heterarthrus
— Hypsicera (I)-ex L/Coleophorid.
— Ischnocerus (I)-ex C/Curculionid.
— Kleidotoma (Cy)-ex D/Ephydrid.
— Labrorychus (I)-ex L/Gelechiid.
— Leptacis (P)-ex D/Psilid.
— Liophanurus (P)-ex C/Curculionid.
— Lissonota (I)-ex L/Coleophorid.
— Mastrus (I)-ex L/Coleophorid.
— Megastigmus (Ch)-ex L/Cosmopterygid.
— Melanophora (D)-ex D/Muscid.
— Meloboris (I)-ex L/Coleophorid.
— Mercetina (Ch)-ex L/Coleophorid.
— Merismus (Ch)-D/Agromyzid.
— Mesidiopsis (Ch)-ex L/Gracilariid.
— Mesora (B)-ex D/Agromyzid.
— Metasecodes (Ch)-ex D/Agromyzid.
— Microdus (B)-ex C/Curculionid.
— Microcryptus (I)-ex L/Coleophora
— Microphanurus (P)-ex L/Gracilariid.
— Miotropis (Ch)-ex L/Coleophorid.
— Neochrysocharis (Ch)-ex H/Heterarthrus
— Neurateles (I)-ex C/Curculionid.
— Norbanus (Ch)-ex C/Curculionid.
— Nyctia (D)-ex C/Curculionid.
— Ooctonus (Ch)-ex L/Gracilariid.
— Ophion (I)-ex L/Lyonetiid.
— Ormyrus (Ch)-ex D/Agromyzid.
— Pachyceras (Ch)-ex D/Chloropid.

— Panstenon (Ch)-ex D/Agromyzid.
— Pentacnemus (Ch)-ex L/Stigmella
— Perilampus (Ch)-ex C/Curculionid.
— Phaenolobus (I)-ex C/Cerambycid.
— Phaeogenes (I)-ex L/Elachistid.
— Phanerotoma (B)-ex L/Tortricid.
— Phobocampe (I)-ex L/Coleophorid.
— Phytodietus (I)-ex L/Gracilariid.
— Platygaster (P)-ex D/Agromyzid.
— Plectiscus (I)-ex H/Fenusella
— Polypeza (P)-ex D/Agromyzid.
— Polysphincta (I)-ex C/Curculionid.
— Priapsis (B)-ex D/Agromyzid.
— Promethes (I)-ex D/Agromyzid.
— Protarchus (I)-ex H/Scolioneura
Pseudencyrtus (Ch)-ex L/Gracilariid.
— Psilopa (D)-ex C/Curculionid.
— Rhopalotus (Ch)-ex L/Lyonetiid.
— Rhynchacis (Cy)-ex D/Psilid.
— Sigalphus (B)-ex C/Rhynchaenus
— Siphona (D)-ex D/Muscid.
— Skeloceras (Ch)-ex D/A,qu
— Spalangia (Ch)-ex L/Gelechiid.
— Spartiophilus (Ch)-ex C/Curculionid.
— Stenomesius (Ch)-ex L/Stigmella
— Stiphrocera (B)-ex D/Agromyzid.
— Symphya (B)-ex D/A,k
— Synergus (Cy)-ex D/Muscid.
— Synodites (I)-ex H/Fenusa
— Syntomopus (Ch)-ex D/Agromyzid.
— Syrphoctonus (I)-ex L/Gracilariid.
— Systasis (Ch)-ex D/Agromyzid.
— Tanycarpa (B)-ex D/Agromyzid.
— Temelucha (I)-ex C/Chrysomelid.
— Tetracampe (Ch)-ex D/Agromyzid.
— Tetrastichodes (Ch)-ex L/Gracilariid.
— Therobolus (B)-ex D/Agromyzid.
— Thyraeella (I)-ex L/Plutellid.
— Thysiotorus (I)-ex L/Coleophorid.
— Tineomyza (Ch)-ex L/Yponomeutid.
— Tineophaga (Ch)-ex L/Stigmella
— Tomicobia (Ch)-ex C/Curculionid.
— Toxares (B)-ex L/Gracilariid.
— Tranosema (I)-ex H/Heterarthrus
— Trichomma (I)-ex L/Gracilariid.
— Trybliographa (Cy)-ex D/Muscid.
— Winnemana (Ch)-ex L/Gracilariid.
— Xerocrepis (Ch)-ex D/Agromyzid.
— Zeuxia (D)-ex C/Curcul.-Lixus

Totale Wirtevielfalt der verschiedenen Parasitengruppen:

B: — 1011 — Wirte
Ch: — 858 — Wirte
Cy: — 19 — Wirte
D: — 11 — Wirte
J: — 440 — Wirte
P: — 12 — Wirte
V: — 1 — Wirte

Hiezu ist schliesslich zu bemerken, dass als Parasitinsekten von Insekten im allgemeinen die CHALCIDIDAE an Arten und Wirtsreichtum dominieren.

Dass die BRACONIDEN-Wirtezahl bei den Blattminierern die der CHALCIDIDAE bei den **Diptera** übertrifft, erklärt sich aus dem Vorherrschen der BRACONIDAE als vorzugsweise Dipteren-Parasiten (obwohl die Dipteren-Blattminierer nur halb so stark vertreten sind als die Blattminierenden Lepidoptera).

Auch bei den **Coleoptera** sind die BRACONIDAE als Parasiten auffallend zahlreich vertreten, sodass sie gleich nach den CHALCIDIDAE rangieren.

Bei den **Hymenoptera** (Blattminierern) stehen die ICHNEUMONIDAE als Hauptparasiten im Vorrang vor den CHALCIDIDAE, während die BRACONIDAE als Parasiten bei den Hymenoptera die geringste Rolle spielen.

Das normale Bild in der Reihenfolge des Parasitenbesatzes zeigen die **Lepidoptera** mit: Ch>J>B>D>P = V, entsprechend dem eigenen Artenreichtum der bezüglichen Parasitengruppen auch in Übereinstimmung mit der Wirtszahlenfolge.

Die wenigen PROCTOTRUPIDAE stehen als Parasiten bei den Dipteren-Wirten obenan (z.T. als Hyperparasiten von BRACONIDAE), vor dem Besatz bei den Lepidoptera = Coleoptera.

Die vereinzelten DIPTERA (Tachinidae) — je 4 Genera — treten vorwiegend bei den Coleoptera>Lepidoptera in Erscheinung, während sie bei den Diptera (ex Muscidae) nur in 2 Fällen (mit 2 Genera) gemeldet sind.

Bethylus sp.—BETHYLIDAE (V) ist nur 2-mal als Parasit von Lepidoptera (ex Coleophora laricella Hbn. u. Exoteleia dodecella L.) angeführt.

Im Vergleich zu dem 3-bändigen Werk von E. M. Hering erscheint vorliegender Beitrag über die Parasitinsekten unsrer heimischen Blattminierer in ziemlich dürftiger Bescheidenheit (— über 2000 Blattminierer bei Hering gegenüber 680 parasitierten Blattminierern = 34%), erklärlich, weil nach den bisherigen Erfahrungen von etwa nur 10% der beschriebenen Insektenarten Parasitinsekten bekannt geworden sind; zudem sind die angeführten Wirtslisten in engerer Auswahl auf nur 680 Arten der eigentlichen Blattminierer (im eingangs erwähnten Sinn) beschränkt und viele von den im Hering angeführten Miniererarten unberücksichtigt geblieben, um so den Parasitenbesatz der eigentlichen Blattminierer als solchen, womöglich prägnanter, herauszustellen; denn bei näherem Zusehen ist der Begriff „Blattminierer" keineswegs so einheitlich, als es auf den ersten Blick erscheint, sondern, wie in der Einleitung unter a)—d) näher ausgeführt, zeitlich und örtlich in unterschiedliche Modifikationen aufgeteilt, was wieder eine unterschiedliche Art des Parasitenanfalles bzw. Auslese des Parasitenbesatzes bedingt (vgl. dort).

Die unterschiedlichen Zahlenreihungen der Parasiten dürften dem flüchtigen Leser vielleicht als überflüssige Gaukelei erscheinen und den Fachmann — als sozusagen „arithmetische Entomologie" — ärgerlich befremden; bei näherem Studium dieser Darstellungsform wird jedoch erhellen, dass diese in sachlicher Form und kürzester Ausdrucksweise auf die meisten Fragen im natürlichen Verhalten Bezug nimmt und so der Wahrscheinlichkeit nach dem Prinzip der Häufigkeit näherzukommen trachtet. — Der Parasitenname allein — obschon wichtigste Voraussetzung — ist noch kein Gedankengut, zumal er ja zeitgemäss Veränderungen unterworfen sein kann (Synonyma!); wichtiger und von Dauerwert ist fortschreitende Erkenntnis der unterschiedlichen Beziehungen der Parasiten zu einander und zu ihrem Wirtsbereich, als viel weniger wandelbare Naturgegebenheiten, welche zu weiteren Schlussfolgerungen Anregung geben können. — Andrerseits sind die unterschiedlichen Zahlen für den aufmerksamen Leser ein unterstützender Hinweis auf die notwendige Kritik, mit welcher derartige Zusammenstellungen, die sich auf die längere Zeitspanne von mehreren Jahrzehnten erstrecken, hinsichtlich Verlässlichkeit der Nomenklatur und Wirtsangaben aufzufassen sind. Die kleinen Zahlen deuten nämlich weniger auf Seltenheitswerte, sondern beinhalten eher die Diffamie der Unzuverlässigkeit im heutigen Sinne betreffend Gewährsmann und Nomenklatur, welche von den modernen Spezialisten der einzelnen Fachgebiete in erster Linie unter die Lupe der Kritik genommen werden müssten.

Viele Parasitennamen der vorliegenden Literaturauslese sind selbstredend nur problematisch aufzufassen und trotz eingehender Bemühung keineswegs nomenklatorisch einwandfrei gesichtet. Wie immer und überall bei solchen Zusammenstellungen dürfte nur ein Bruchteil davon als realer Beitrag zum Aufbau unsrer Erkenntnisse auf diesem Gebiete angesehen werden, dessen weitere kritische Bearbeitung der interessierten Fachwelt dringlichst anheimgestellt sei.

Zusammenfassend meint der Verf. schliessen zu dürfen, dass der behandelte Parasitenbesatz unsrer Blattminierer weniger an das gegebene Biotop als solches, sondern eher an die systematische Stellung der Wirte gebunden erscheint, mit andern Worten, dass die hier als eigentliche Parasiten der Blattminierer hervortretenden Parasitenarten nur in den wenigsten Fällen als typisch für die „Blattminierer" anzusehen sind (vgl. vorne Seite 187), sondern dass ihre Wirtsbindung vielmehr — trotz gemeinsamen Biotops — auf die systematische Aufteilung ihrer Wirte (C, D, H, L) im natürlichen Verhalten Bezug nimmt. — Ganz im Gegensatz zur Ansicht von Cushmann, R. A. (1926), der beispielsweise für Epiurus (I) und Sympiesis (Ch) das Biotop: „Blattminierer" als Anlass zur Vergemeinsamung des Parasitenbesatzes ansieht, was jedoch gegenüber dem vorliegend reichlicheren Vergleichsmaterial zumindest als voreilige Schlussfolgerung abzulehnen ist.

Der Verf. ist sich vollkommen bewusst, dass derartigen Zusammenstellungen, wie vorliegender, nur ephemere Bedeutung zukommen kann, da Ergänzungen zu den Wirte- und Parasitenlisten sich laufend notwendig erweisen. Abgesehen davon erscheinen die in den „Vergleichsergebnissen" und „Erörterungen" ausgearbeiteten Richtlinien auf Grund des bereits umfangreichen Materiales immerhin so eingehend begründet, sodass die daraus abgeleiteten Erkenntnisse und ihre Festlegung wohl eine beachtenswerte Wissensbereicherung darstellen, die selbst durch allfällig ergänzende Nachträge nur geringfügigen Abänderungen ausgesetzt sein wird.

Wien, im September 1960.

Anschrift des Verfassers:
Dr. L. Fulmek,
Wien, 23., Mauer, Karl Schwedgasse 101
Österreich, Europa.

LITERATUR (AUSLESE)*)

*) Umfasst eine Zeitspanne von ca 100 Jahren; hundert Jahre entomologischer Weltliteratur ist eine so umfangreiche Kartei, dass für ihre Wiedergabe allein schon der Umfang des vorliegenden Bändchens nicht ausreichen würde. — Die Unzahl auch kleinerer Abhandlungen, Mitteilungen u. Notizen, verstreut in allen gegenwärtigen und abgelaufenen Zeitschriften — an sich gewiss nicht bedeutungslos, aber als Quellennachweis selbst für den Fachmann meistens unzureichend bzw. unzuverlässig — ist hier durch eine nur kleine Auslese bekanterer Quellenwerke ersetzt, die jedoch bei näherem Einblick für den Spezialisten sich höchst ungleichwertig herausstellen.

BAER, W., 1920—1921. Die Tachinen als Schmarotzer d. schädl. Insekten.—*Z. angew. Ent.* 6, *185—246*, 7, *97*, *163*, *349*, *403*.

BEIRNE, P., 1946. Notes on the biology of some Hymenopterous parasites of the Beech weevil (Rhynchaenus fagi L.)—*Proc. ent. Soc. London*, 21, *7—11*.

BEYR, J., 1959. Eubadizon punctatus n.sp. aus Südmähren, Tschechoslowakei. *Act. Ent. Mus. Nat. Prag*, 33—567, *479—482*.

BOSELLI, F. B., 1928. Elenco delle specie d'Insetti dannosi e loro parassiti ricordati in Italia dal 1911—1925.—*Ann. R. Inst. Sup. agr. Portici*—265 Seiten.

BOUČEK, Z., 1959. A study of central Europ. Eulophidae I.—*Act. Ent. Mus. Nat. Prag*, 33, 540: *117—170*, II., 541: *171—194*.

BRISCHKE, C. G. A., 1878—1883. (Bri.)—Die Ichneumoniden der Prov. West- u. Ostpreussen.—*Schrift. Naturf. Ges. Danzig*, 4, *35—117*, 1880, 4. *108—210*, 1882, 5, *121*, *199*.

BURGHELE, A. C., 1960. Zwei neue Arten von Dacnusini (Hym., Brac.) nebst Liste d. in Rumänien bekannten Arten.—*Z. Arbeitsgem. Österr. Ent.* Nr. 2, *95*.

ČAPEK, M., 1960. Verzeichnis der Parasiten, die aus schädl. Insekten an VUIH u. Banská Štiavnice gezogen wurden. I. Braconidae. Prag—Vyd. Vysk. ustav lesn. hosp. v. Bansk. Štiavn.—Bratislava.

CUSHMAN, R. A., 1926. Location of individual hosts versus systematic relation of host species as a determining factor in parasitic attack.—*Proc. ent. Soc. Wash.* 28, Nr. 1, *5—6*.

DELUCCHI, L., 1958. Litthocolletis messaniella Zell. and its parasites.—*Entomophaga, Paris*, III.: *203—270*.

DOWDEN, P. B., 1941. Parasites of the Birch leaf-mining sawfly (Phyllotoma nemorata—*Techn. Bull. U.S. Dept. Agr. Wash.* Nr. 757—55 Seiten 26 figs.

FISCHER, M., 1957. Zwei neue Parasiten aus der in den Blättern der Zwergbirke minierenden Raupe von Stigmella nanivora Pet.—*Nachrbl. Bayer. Ent.* 6, Nr. 5 *41—43*.

—1958—1959. Die Europ. Arten d. Gattung Opius Wsm. I.—*Ann. Mus. stor. nat. Genova*, *70—245*. III. *Beitr. z. Ent.* Berlin, Nr. 112. 1959 — *Mitt. Münchn. ent. Ges.* — 49. Jhg.

—1959. Europ. Opiinae (Hym. Brac.). — *Act. Ent. Mus. Prag.* 33—545.

GIRAUD, J., 1877 (Gir.—Lab.). Liste d'eclosions d'Insectes recueille et annotée par M. le Dr. A. Laboulbene. — *Ann. Soc. ent. France, Paris* 7, *397.—436*.

GYÖRFI, J., 1941. Die Ergebnisse meiner Schlupfwespenforschungen mit bes. Berücksichtigung d. Zwischenwirtsfrage. — *Erd. kiserl., Sopron*, 44, 165 Seiten.

—1941. Revision d. palaäarkt. Arten d. Gattung Sympiesis Frst. — *Erd. Kis.* 43, *122—134*.

—1943. Beitr. z. Kenntnis d. Wirte v. Schlupfwespen. — *Z. angew. Ent.* 30, *79—103.*

Hadershold, 1938. Parasitenzuchten. — *Arb. phys. angew. Ent. Berlin*, 5: *21, 261*, 6: *1, 311.*

Hammond, H. E. & Smith, G. V., 1955. On some parasitic Diptera and Hymenoptera bred from Lepidopterous hosts. Part. II. — *Ent. Gaz., London* 6, *173.*

Herting, B., 1960. Biologie d. westpaläarkt. Raupenfliegen (Dipt. Tachinid.) — *Monogr. angew. Ent.* Nr. 16, 188 Seiten.

v. Heyden, L., 1882—1884. Beitr. z. Kenntn. d. Hymenopterenfauna d. weiteren Umgbg. v. Frankfurt a. M. — *Ber. Senckenberg. Naturf. Ges.* — 3, II. Braconidae
1884, III. Chalcididae *103*
1894, VIII. Chalcidid. Forts. u. Nachtr. *169—194.*

Leonardi, G., 1923—1927. Elenco delle specie d'Insetti dannosi e loro parassiti ricordati in Italia fino all'anno 1911. — Part. II. Portici, 1923—450 Seiten. 1927, Modena, *451—492.* Part. III. Modena, 1927—158 Seiten.

Morley, C. & Rait-Smith, W., 1933 (M-RSm.). The hymenopterous parasites of the British Lepidoptera. — *Trans. R. Ent. Soc. London*, 81, *133—183.*

Rondani, C., 1871—1878 (Rond.). Degli insetti parassiti e delle loro vittime.— *Boll. Soc. Ital. Firenze*, Part. I. — 140 Seiten.
Part. II. — Suppl. 1873.
Part. III. *217.*
1872 Part. IV. *41, 137, 229, 321.*
1873, Part. V. *3, 133, 209.*
1874 Part. VI. *43.*
1878 Part. VIII. *54, 120, 297.*
IX. *55.*
X. *9, 91, 161.*

v. Rosen, H., 1961. Zur Kenntnis d. Pteromaliden — Genus Mesopolobus Westw. (Hym. Chalc.) — VII. — *Ent. Tidskr.* 82, Lund — 48 Seiten.

Rühl, M., 1910—1929 (SE). Liste neuerdings beschrieb. o. gezogener Parasiten u. ihrer Wirte. — *Soc. Ent. Stuttgart.*
25. Jhg. 1910, I. *63, 68.*
26. Jhg. 1911, II. *30, 35.*
28. Jhg. 1913, III. *44, 48, 51, 56, 60, 64, 68, 72, 85, 90, 96, 107.*
29. Jhg. III. *4, 8, 16, 17, 25, 30, 34, 37.*
31. Jhg. 1916, V. *29, 34, 39, 50, 54, 60, 63.*
32. Jhg. 1917, VI. *37, 41, 45, 49.*
33. Jhg. 1918, VI. *7, 12, 20, 23, 28, 31, 40.*
36. Jhg. VII. *7, 11, 16.*
38. Jhg. 1923, VIII. *3, 7, 11, 16, 20, 24, 28, 32.*
40. Jhg. 1925, IX. *7, 16, 20, 23.*
42. Jhg. 1927, X. *24, 28, 31, 35, 39, 44, 47.*
44. Jhg. 1929, X. *8, 19, 35, 48.*

Schütze, K. T. & Roman, A., 1931 (SR). Schlupfwespen. — *Isis Budissina*, 12, Bautzen — 12 Seiten.

Silvestri, F., 1916. Contr. delle conoscenza del genere Poropoea Frst. (Hym. Chalc.) — *Boll. Lab. Portici*, 11, *20—135.*

Sundby, R., 1957. The parasites of Phyllocnistis labyrinthella Bjerk. and their relation to the population dynamics of the leaf-miner. — *Norsk. ent. Tidskr., Oslo*, Suppl. II. — 153 Seiten.

THOMPSON, W. R., 1943—1953. A catalogue of the Parasites and predators of Insect Pests. — Belleville, Ont. Canada — Sekt. 1, Part. 1—11 1943—1951. Sekt. 2 Part. 1—2, 1951—1953.

WAGNER, A. C. W., *1928* (Wagn.). Schlupfwespen u. ihre Wirte — *Verh. Ver., naturw. Unterhalt. zu Hamburg, 20, 1—17.*

NACHWORT

Dem Verleger und insbesonders dem „Setzer" gebührt Dank und Anerkennung, dass sie zum Gelingen dieses wissenschaftlichen Katalogwerkes ihre vollendete Meisterschaft glänzend unter Beweis gestellt haben.

Der Verfasser.

MIX
Papier aus verantwortungsvollen Quellen
Paper from responsible sources
FSC® C105338

If you have any concerns about our products,
you can contact us on
ProductSafety@springernature.com

In case Publisher is established outside the EU,
the EU authorized representative is:
Springer Nature Customer Service Center GmbH
Europaplatz 3, 69115 Heidelberg, Germany

Printed by Libri Plureos GmbH
in Hamburg, Germany